森林植被挥发性有机化合物排放

余新晓　伦小秀　王得祥　陈俊刚　徐　勇　贾国栋　著

科学出版社

北京

内 容 简 介

随着我国生态修复的推进、植被覆盖率的增加，植物的环境效应也越来越凸显。植物除了吸附大气颗粒物、二氧化硫等大气污染物，还对近地面大气臭氧浓度有显著影响。植物源挥发性有机化合物（BVOCs）对近地面大气臭氧浓度的影响是大气化学、生态学面临的共同难题，尤其在热带、亚热带臭氧污染严重的城市区域，BVOCs 贡献高于其他区域。本书围绕植物排放挥发性有机化合物的特征规律研究获得一些典型区域的 BVOCs 排放量，研究结果包括森林植被排放挥发性有机化合物的监测方法学，各典型树种排放挥发性有机化合物的日变化特征、季节变化特征、排放强度和影响因素，京津冀地区和陕西省 BVOCs 的排放量。上述内容为系统认识森林的环境效应和城市森林营建提供了重要的理论和技术依据。

本书可供高等学校、科研院所等机构从事生态系统的环境效应、大气污染防治等研究工作的科研人员、研究生、实验技术人员参考。

图书在版编目（CIP）数据

森林植被挥发性有机化合物排放/余新晓等著. —北京：科学出版社，2020.6

ISBN 978-7-03-065236-2

Ⅰ.①森… Ⅱ.①余… Ⅲ.①森林植被–发挥性有机物–研究 Ⅳ. X531

中国版本图书馆 CIP 数据核字（2020）第 088876 号

责任编辑：李轶冰 / 责任校对：樊雅琼
责任印制：吴兆东 / 封面设计：无极书装

科学出版社 出版
北京东黄城根北街 16 号
邮政编码：100717
http://www.sciencep.com

北京九州迅驰传媒文化有限公司 印刷
科学出版社发行 各地新华书店经销

*

2020 年 6 月第 一 版 开本：720×1000 B5
2020 年 6 月第一次印刷 印张：10 3/4
字数：222 000
定价：118.00 元
（如有印装质量问题，我社负责调换）

前　言

　　中国经济的飞速发展带来了严重环境污染，频发的雾霾天气、臭氧污染等问题已经严重影响了人们正常的生产生活。森林是地球生态系统的主体，对生态环境具有重要影响。森林一方面可以利用其独特的器官和结构吸收、吸附大气污染物；另一方面，森林植被排放大量的挥发性有机化合物，这些活性的挥发性有机化合物参与大气光化学过程，对环境大气中臭氧和二次有机颗粒物的生成具有重要影响。为了厘清森林植被对环境大气的效应，国家林业局于 2013 年 1 月适时应急启动了国家林业公益性行业科研专项"森林对 $PM_{2.5}$ 等颗粒物的调控功能与技术研究"；与此同时，为了开展大气污染联防联控，生态环境部、科学技术部等部门联合启动了"大气污染防治行动计划"；北京市教育委员会启动了"城乡生态环境重点实验室建设"。上述大型科研项目中均覆盖了森林植被对大气污染物的调控效果研究。本项目组在上述科研计划的支持下，经过多年的攻关，取得了一系列原创性的成果，并整理编撰成本书。本书介绍森林植被排放挥发性有机化合物的监测方法学，各典型树种排放挥发性有机化合物的日变化特征、季节变化特征、排放强度和影响因素等，比较典型树种排放挥发性有机化合物的差异，分析与评价森林植被排放挥发性有机化合物对大气环境中臭氧浓度的影响以及对二次有机颗粒物的影响；从提升空气质量角度，筛选城市适宜树种。上述研究成果为系统认识森林的生态环境效应和城市森林营建提供了重要的理论和技术依据。本书内容由 9 章组成：第 1 章介绍森林植被排放挥发性有机化合物的研究进展、存在问题；第 2 章介绍森林植被排放挥发性有机化合物成分特征；第 3 章介绍森林植被排放挥发性有机化合物相对含量变化；第 4 章介绍森林植被挥发性有机化合物排放估算因子；第 5 章介绍京津冀地区森林植被挥发性有机化合物排放清单构建；第 6 章介绍陕西省森林植被挥发性有机化合物排放量估算；第 7 章介绍森林植被排放的挥发性有机化合物转化为二次有机气溶胶的机制；第 8 章介绍森林植被排放的挥发性有机化合物臭氧潜势分析；第 9 章介绍森林 BVOCs 排放特征及绿化配置建议。

　　本书第 1 章由余新晓教授、伦小秀教授编写，第 2 章由伦小秀教授、樊冲编写，第 3 章由余新晓教授、陈俊刚博士编写；第 4 章由余新晓教授、贾国栋博士、伦小秀教授、陈俊刚博士编写；第 5 章由伦小秀教授、樊冲等编写；第 6 章由王得祥教授、徐勇博士编写，第 7 章由余新晓教授、陈俊刚博士编写；第 8 章由余新晓教授和陈俊刚博士编写；第 9 章由伦小秀教授和樊冲编写。全书由北京林业大学余新晓教授、伦小秀教授负责统稿，蔺颖参与统稿工作。

本书由国家林业公益性行业科研专项（201304301）、国家"大气污染防治行动计划"（DQGG0201）和北京市科技项目（Z181100005318003）资助出版。本书出版获得了国家林业和草原局科学技术司和北京林业大学的大力支持。特此感谢！

著 者

2020 年 4 月

目　录

| 1 | 森林植被挥发性有机化合物的排放

1.1 BVOCs 概述

挥发性有机化合物（volatile organic compounds，VOCs）是对某一类有机化合物的总称。在经济与城市建设高速发展的今天，我国的大气污染逐渐由单一向复合型转化。不仅一次污染物，导致部分城市出现光化学烟雾和雾霾现象的二次污染物的浓度也很高（池彦琪和谢绍东，2012）。VOCs 是空气中多种污染物的载体，是臭氧以及二次有机气溶胶（secondary organic aerosol，SOA）形成的重要前体物，很多 VOCs 成分都有较高的化学反应活性，十分容易与大气中的各种气体（氮氧化物等）、OH 自由基、氧化剂等进行反应。在大气环境污染的相关研究中，VOCs 的排放特征对研究大气环境中二次污染物形成过程具有十分重要和意义，对解决光化学烟雾、雾霾来源解析等问题也具有重要意义。

VOCs 的来源主要有人为源（anthropogenic volatile organic compounds，AVOCs）和天然源（植物源）。据统计，全球植物每年排放的植物源挥发性有机化合物（biogenic volatile organic compounds，BVOCs）大约为 10^6 Gg C，占全球 VOCs 排放总量的 90% 以上。目前关于 VOCs 的研究大多针对人为源 VOCs 的排放，而对 BVOCs（后文提到的所有 BVOCs 统一指植物源挥发性有机化合物）的研究较为匮乏。

森林释放的 BVOCs 达 100 多种，但只有少数几种的排放量相对较高。一般将全球植物释放的 BVOCs 分成 4 类，分别由 44% 的异戊二烯、11% 的单萜烯、22.5% 的其他活性 VOCs 和 22.5% 的非活性 VOCs 组成。异戊二烯和单萜烯是森林释放的 BVOCs 中的主要种类。许多研究表明，北方地区的典型阔叶树种〔如槐（*Sophora japonica*）、垂柳（*Salix babylonica*）和二球悬铃木（*Platanus acerifolia*）等〕所释放的 BVOCs 以低级的烷烃、烯烃为主，主要释放种类为异戊二烯，其中二球悬铃木的异戊二烯释放速率高达 139μg · g^{-1} · h^{-1}；而松柏类植物和果树的 BVOCs 释放情况与上述阔叶树种有所不同，其主要挥发成分为单萜烯，其中

苹果 （*Malus pumila*） 树的单萜烯释放速率较高，其最大释放速率可以达到 $278\mu g \cdot g^{-1} \cdot h^{-1}$。目前，国内对森林植物"芬多精"（Phytoncidere） 的研究也日益增多。它是植物的花、叶、芽、根等器官的油腺组织在其新陈代谢过程中不断分泌释放的具有芳香气味的有机挥发物质，萜类、单萜烯、倍半萜烯是其主要成分。芬多精具有较强的抗菌、杀虫和调节树木生长的能力，此外还有消炎防腐、祛风利尿、解热镇痛、平喘镇咳等药理作用。松科 （Pinaceae）、樟科 （Lauraceae）、桃金娘科 （Myrtaceae） 等科的树木种类具有较为丰富的芬多精含量，少数种类甚至可达 20% 左右，如丁子香 （*Syzygium aromaticum*） 中精油含量可以达到 14%~20%。

1.2 BVOCs 观测技术及排放模型

1.2.1 BVOCs 观测技术与方法

根据研究区域尺度及研究环境的不同，小尺度研究范围 BVOCs 排放速率的测定方法主要包括样品采集–实验室分析法和微气象法。

1. 样品采集–实验室分析法

样品采集–实验室分析法应用范围较广，主要为静态封闭采样法和动态顶空采样法。静态封闭采样法和动态顶空采样法都是通过锁定户外某一树种的枝、叶或整个植株进行采样，之后将采样吸附管带回实验室利用分析仪器确定其成分及含量的方法。

1）静态封闭采样法是将待测树种部分枝叶罩在箱子或袋子中，设定间隔时间后，在间隔时间点监测箱内（袋内）的气体浓度，之后由箱内（袋内）的气体浓度的变化以及所用时间间隔对其排放速率进行计算。

2）动态顶空采样法是目前广泛应用的测量活体植物排放 BVOCs 的方法。与静态封闭采样法不同的是此方法所用袋子两端开口，保持了袋内气体的自然流动，通过采样泵抽气，将其导入吸附管中，BVOCs 随之附着于吸附剂上，再通过热脱附使 BVOCs 还原成气态。

以上两种测量法都具有操作简单、便于移动且能对特定的某种植被进行测定等优点，是观测排放速率以及计算排放量的常用方法，至今仍得到广泛应用。不足之处在于密闭环境中温度和湿度的变化所带来的影响是不容忽视的，尽管动态顶空采样法可在一定程度上缓解此问题，但仍无法完全消除（张莉等，2002）。

2. 微气象法

微气象法是依据微气象学测量推导地表气体排放通量的方法（Greenberg et al.，2014）。按照测量参数的不同，微气象法可以大致分为质量平衡法、鲍文比法、通量梯度法和涡度相关法四种（马秀枝，2006；王文杰等，2003）。微气象法在大尺度研究范围中（草原、草甸等）较为常用，具有在测量过程中因植物处于自然条件下而免受其干扰的优点，因此微气象法对排放速率的测量值更为准确；而且微气象法中排放通量的计算不依赖于排放速率，避免了误差的产生。尽管此法有诸多的优越性，但微气象法所需传感器成本较高，设备安装维护比较复杂，从而限制了该方法的应用。

样品采集–实验室分析法需实地测量植被的生物量以及 BVOCs 的排放速率，必然会导致实验结果的不确定性；微气象法则在一定程度上弥补了这些不足。

1.2.2 BVOCs 排放模型

目前，中大尺度 BVOCs 排放研究中主要使用模型模拟法。国内外学者已建立了一系列的区域及全球 BVOCs 排放估算法和模型，如 BEIS 模型、Guenther 模型及 MEGAN 模型等经典经验、半经验模型，以及 SIM-BIM、NASA-CASA 等耦合过程模型。经过多年的完善和发展，以上模型在 BVOCs 区域及全球排放研究中得到了广泛应用。

1. BEIS 模型

Pierce 和 Waldruff（1991）基于观测或计算得到土地利用、叶生物量、排放因子和气象参数等数据，首次建立了生物源排放清单系统 BEIS1（First-Generation Biogenic Emission Inventory System）模型。1998 年推出的 BEIS2 在 BEIS1 的基础上对其空间分辨率、环境校正方法等方面都做了改进和提升，但其使用环境温度代替叶片温度及在冠层太阳辐射估算的不确定性都导致模拟结果具有一定的偏差。

1999 年开发的 GloBEIS（Global Biosphere Emissions and Interactions System）实现了 BEIS 系列的全球模型。与 BEIS2 相比，GloBEIS 模型在模拟过程中将植被在不同的生长状态下其叶片排放速率的不同加以考虑；并且使用解译的叶面积指数遥感数据对冠层内不同叶龄组分及分布进行模拟；引进 GOES 卫星数据模拟太阳辐射数据，同时引进了更高分辨率（1km）的生物排放土地利用数据库

（BELD3）（黄明祥等，2015）。但因其使用参数化的区域测量数据来模拟全球排放，而排放速率、叶生物量等参数受环境因素影响较大，故存在模拟结果准确度低的问题。

2. Guenther 模型

1991 年，Guenther 通过实验测定桉树异戊二烯的排放速率，实验结果发现桉树中异戊二烯的排放速率与光照和温度有关，根据试验数据推算出 BVOCs 中异戊二烯排放的计算方法 G91，但此方法较为粗糙。

1993 年，Guenther 在 G91 的基础上，结合最新试验数据推导出异戊二烯和单萜烯排放速率的 G93 算法。相较于 G91 模型，G93 模型将各种环境条件下的异戊二烯排放规范化为 $T = 303\mathrm{K}$，$\mathrm{PAR} = 1000\mu\mathrm{mol} \cdot \mathrm{m}^{-2} \cdot \mathrm{s}^{-1}$ 时的排放，建立了异戊二烯和单萜烯排放速率、光照和温度校正因子以及异戊二烯、单萜烯及其他 VOCs 排放量估算方法。

1995 年，Guenther 总结 G91、G93 算法和数据的基础上建立了 G95 算法。G95 将全球的生态系统类型、全球植被指数、降水量、温度和云量网格化的数据输入模型中得到分辨率为 0.5°×0.5° 全球排放清单。G95 具有算法灵活等优点，便于更新数据及改进算法，且易于与未来版本进行融合。然而由于缺乏实测数据，研究只侧重于异戊二烯和单萜烯的排放，对于其他 VOCs 的测算较为粗糙，而其他 VOCs 对大气环境的影响也不容忽视，因此需要进一步确定其他 VOCs 的排放速率。

3. MEGAN 模型

2006 年 Guenther 在大量实验数据以及 G95 的基础上推出了自然气体和气溶胶的排放模型 MEGAN（Model of Emissions of Gasea and Aerosol from Nature），MEGAN 对异戊二烯计算过程中光照和温度影响因子的计算系数、叶龄影响因子比例的划分方面都进行了改进，并且将土壤湿度、冠层损耗与传输系数对排放量的影响也纳入考虑。MEGAN 具有较高的分辨率，可同时满足区域和全球尺度模拟的要求，该模型将全球划分为不同的植被功能型并据此分配不同的排放因子，同时模拟不同冠层类型的光照和温度分布。但鉴于目前缺少大量数据对异戊二烯的排放速率与上述影响因素之间做出明确定量证明，所以无法在模型中加入相关算法进行计算（石明洁等，2008）。

4. 复合模型

Potter 等（2001）将公共气候系统模型与植物源异戊二烯排放相耦合，得到气候控制算法下的异戊二烯排放模型。Scott 和 Benjamin（2003）建立了将水文和碳循环及生物地理化学过程相耦合的 NASA-CASA 模型。Zimmer 等（2000）建立了将生理学模型——SIM 模型与 BIM 模型相结合的 SIM-BIM 模型。

中国 BVOCs 的研究起步于 20 世纪 90 年代，历经几十年的研究和发展取得了一些初步成果。目前中国学者对 BVOCs 排放速率和排放量估算多以 Guenther 模型为基础，分为异戊二烯、单萜烯和其他 VOCs 类来计算，将实地测量的 BVOCs 排放速率标准化后应用于各种模型中，结合遥感影像和林业调查数据量化区域 BVOCs 排放通量。

由表 1-1 可知，中国 BVOCs 的排放中，异戊二烯的年排放总量大于单萜烯，估算结果间的差异来源于估算方法的不同、所需基础数据来源不同等。由表 1-2 可知，对于不同区域来说，由于各地区植被的种类分布、生长状况、环境条件以及蓄积覆盖等情况各不相同，也导致了 BVOCs 排放情况的地区差异。

表 1-1　中国 BVOCs 的年排放总量（以 C 计）（单位：$10^6 t \cdot a^{-1}$）

异戊二烯	单萜烯	其他 VOCs	总量	文献
15	4.3	9.1	28.4	Guenther et al.，1995
6.7	1.8	3.9	12.4	宋媛媛等，2012
4.1	3.5	13	20.6	Klinger et al.，2002
7.45	2.23	3.14	12.82	池彦琪和谢绍东，2012
4.85	3.29	8.94	17.08	闫雁等，2005
5.69	1.34	1.53	8.56	张钢锋和谢绍东，2009
10.1	5.5	4.3	19.9	宋媛媛等，2012

表 1-2　区域 BVOCs 年排放总量（以 C 计）　　（单位：$t \cdot a^{-1}$）

区域	异戊二烯	单萜烯	其他 VOCs	总量	文献
中国东部	5.1×10^6	3.6×10^6	2.7×10^6	1.14×10^7	宋媛媛等，2012
北京	1.09×10^4	3.5×10^3	4.8×10^3	1.92×10^4	王志辉等，2003
长江三角洲	7×10^5	3×10^5	8.8×10^5	1.88×10^6	刘岩等，2018
乌鲁木齐	7.7×10^1	5.1×10^3	8.6×10^3	1.37×10^4	张蕾等，2017
天津	7.0×10^2	2.9×10^3	4.1×10^3	7.7×10^3	高翔等，2016
陕西	1.0×10^6	6.2×10^4	1.09×10^5	1.17×10^6	吕迪，2016
杭州	6.8×10^4	4.9×10^3	5.3×10^3	7.8×10^4	朱轶梅，2011
重庆	5.7×10^3	1.05×10^4	1.3×10^4	2.9×10^4	吴莉萍等，2013

目前，国内 BVOCs 排放量的估算主要是运用国际上已有的算法与国内植被、

土地覆盖等数据相结合的方式，而在排放速率、环境影响因子方面的研究较少，近年来有大量外国学者对其国家某些树种的 BVOCs 排放速率做出研究，得到的普遍结论为：异戊二烯主要由阔叶树排放，而针叶树种主要排放单萜烯，这与我国现有的研究结果一致。根据国内外已有的观测数据，常见树种排放速率如表 1-3 所示。

表 1-3 常见植物异戊二烯和单萜烯的排放速率（以 C 计）

（单位：$\mu g \cdot g^{-1} \cdot h^{-1}$）

树种	异戊二烯	单萜烯
落叶松	0.1	0.6
云杉	8.0	3.0
柏木	0.1	1.6
椴	2.0	0.2
桦	0.1	0.2
杨	60.0	0.2
竹	40.0	0.5
黄连木	0.1	0.2
油松	0.1	3.0
侧柏	0.2	1.6
栎	60.0	0.2
榆	0.1	0.6
灌丛	8.0	0.6
农业植被	0.1	0.1

资料来源：宋媛媛等（2012）。

这些研究得到的普遍规律都是相互吻合的，但由于观测过程中受不同因素的影响，观测结果在数值上存在较大差异。对于中国北方及南方地区，因常见树种和品种的不同，所以无法比较其排放速率。

1.3 森林植被挥发性有机化合物排放组分变化规律

1.3.1 森林植被挥发性有机化合物排放日变化

森林释放 BVOCs 的速率在昼夜之间，以及 1 天内的不同时刻之间也有明显的变化特征。一般白天 BVOCs 释放速率高于夜间，上午低于下午。Streets 等（2006）分别观测到意大利石松（*Pinus pinea*）和冬青栎（*Quercus ilex*）的 BVOCs 释放速率都在白天时有 1 个高峰，但其发生的时间并不相同。意大利石松 BVOCs 的释放速率在上午时不断升高，到 14：00～16：00 达到最大值，随后便不断下降，这与国外许多其他的研究结果基本一致。冬青栎 BVOCs 的释放速率也从清晨起不断增加，但其释放高峰要晚于意大利石松 2h 左右出现。同时，树木释放 BVOCs 的速率在昼夜之间也存在明显的差别。云杉林在白天的臭氧沉积速率可以达到 7m·s^{-1}，而夜间仅为 3.5m·s^{-1}。这种臭氧沉积速率的变化与云杉林释放 BVOCs 的昼夜性差异显著相关。云杉林在夜间的 BVOCs 释放速率要明显低于白天的水平。森林释放 BVOCs 的典型日变化特征与 1 天中大气温度的变化和光照强度的变化密切相关。其中，异戊二烯的释放是一个与温度和光强紧密相关的过程，而单萜烯的释放只受温度变化的影响。因此，单萜烯在白天和夜间都能释放，而异戊二烯只在白天释放，其释放时间正好与光合作用的时间相同。异戊二烯的这种昼夜变化特征表明：森林的 BVOCs 释放速率具有明显的昼夜变化特征；同时，随着白天日照强度的逐渐增加，异戊二烯的释放速率会发生相应的变化，使森林 BVOCs 的释放速率具有明显的日变化特征。

1.3.2 森林植被挥发性有机化合物排放季节变化

森林 BVOCs 的释放呈明显的季节性变化。夏、秋季节是 BVOCs 释放的两个主要季节，春季也是 BVOCs 释放速率较高的一个时期。同时，从不同植物 BVOCs 的释放情况可以看出，春、夏、秋 3 季中的任何 1 个月都可能成为某一植物 BVOCs 平均释放速率最高的一个时期。夏、秋两季是森林 BVOCs 的释放速率较高的时期。1994～1998 年，Simoneit 等（2004）对法国森林生态系统中最具代表性的 32 种树木的 BVOCs 进行了研究，结果表明森林 BVOCs 的释放在 1 年内呈现明显的周期性变化特征：BVOCs 的平均释放速率从 3 月时开始明显增加，7 月、8 月达到最大值，9 月、10 月开始逐渐下降，其中 7 月、8 月的 BVOCs 释放量超过了全年释放总量的 50%，这与 Rinne 等（2005）对芬兰松林的研究结果类似。桉属（*Eucalyptus*）植物 BVOCs 的释放情况与上述结果明显不同，其最大异戊二烯释放速率出现在 6 月，比松树早 1 个月左右。Street（1997）还对沙地树木 BVOCs 的释放特征进行了研究，结果表明 10 月时的 BVOCs 平均释放速率最高，是 5 月的 3 倍还多。也有一些实验结果表明，春季是 BVOCs 释放速率最高的季节。Kim 和 Stockwell（2007）对美国东南部地区湿地松（*Pinus elliottii*）的研究结果表明，湿地松在春季时的 BVOCs 释放速率要明显高于夏、秋两季，尽管春季气温相对要低，但却是全年中萜烯释放速率最高的时期。春季时西黄松（*Pinus ponderosa*）的单萜烯释放速率也要明显高于年内的其他季节，其中 5 月的平均萜烯释放速率是 7~9 月的 18 倍。可以看出，森林 BVOCs 的释放情况变化多样，季节性变化特征十分明显，并且这种变化在不同挥发物质、不同树种间有很大差异。冬季一般是 BVOCs 释放最少的季节。Juettner（1988）对德国南部黑松林的研究表明，寒冷季节林中空气的 BVOCs 含量较低，3 月不超过 $62ng \cdot m^{-3}$，11 月不超过 $98ng \cdot m^{-3}$，这与夏季末 BVOCs 浓度最大时的值（$946ng \cdot m^{-3}$）相比，相差很大。

1.4 森林植被挥发性有机化合物排放的影响因素

BVOCs 在区域和全球尺度大气化学上起到了重要作用，尤其在对流层臭氧的形成和气溶胶增长上面。BVOCs 种类和数量依植物种类和环境条件的变化而变化。了解植物挥发物的排放机制，对于预测全球气候变化、大气臭氧浓度变化和辐射传输具有重要意义。厘清 BVOCs 的合成和释放机制的同时，揭示影响其释放的环境因子及植物自身生理生态因素对于更好挥发植物的环境效应具有重要的意义。

1.4.1 植物挥发性有机化合物排放的环境影响因素

1. 光照

植物挥发物的合成都是在叶绿体内完成的，是植物二次代谢的产物。通常认为异戊二烯的合成是受其合成酶的支配，合成酶的活性是由叶绿体内的二甲基烯丙基二磷酸（DMAPP）控制，这两个中间体的合成又受到叶片光电子转移的影响，所以异戊二烯的合成从物质和能量两个方面来看都受到光电子转移通量的影响。所以，挥发物的排放实则是酶活性对光照等环境因子的响应，当植物受到环境胁迫时，酶活性决定着植物排放挥发物的能力。Nunes 和 Pio（2001）发现植物异戊二烯的合成速率与光照强度具有很强的相关性。在光照强度很低或无光照时，异戊二烯的排放速率很低，当光合强度增大时，异戊二烯的排放速率也随着增大，并在一定光强时达到稳定。贾凌云等（2012）监测了杨树呼吸作用和挥发物异戊二烯释放速率对光照的响应，研究表明杨树的光合速率和异戊二烯释放速率都会随持续的光照的不断增强而增加。杨树呼吸作用也可能因光合作用的刺激而增加从而导致异戊二烯释放的增加。不仅光照强度影响植物挥发物的排放，光照类型也会影响 BVOCs 的合成和释放。Arena 等（2016）测定了不同光照类型[红蓝绿光（红光：蓝光：绿光＝1∶1∶1）、红蓝光（红光：蓝光＝2∶1）、LED灯光、白光]对植物生长、光合作用、叶片结构和异戊二烯排放的影响，研究发现红蓝绿光和红蓝光相比于白光减少了植物高度、生物量和叶面积；CO_2 同化速率在白光下相比于红蓝绿光和红蓝光下降；α-蒎烯、莰烯、α-萜品烯在红蓝绿光和红蓝光的刺激下排放量增大。总之，不同光照类型影响植物的光合作用、叶面结构、生物量和异戊二烯的排放量。

植物排放异戊二烯对于光照的依赖性很强，而单萜烯的释放对光照的依赖性则不大，这主要是由于合成单萜烯的合成酶对光照不敏感。另外，植物对单萜烯的合成速率与光电子转移量呈显著相关，而释放速率则与光电子转移量相关性不强。

2. 温度

温度是影响植物挥发性有机化合物排放的另一个重要环境因素。植物体释放异戊二烯对温度的变化响应很敏感，叶片温度影响植物异戊二烯合成酶的活性，从而使温度变化对异戊二烯的释放速率影响很大。随着环境温度的升高，异戊二烯的排放速率也增大，但当温度高于 40℃ 时，植物光合作用受到抑制，碳供应不足，这是异戊二烯的排放速率迅速下降的原因。Fares 等（2011）在不同温度下对 1 年生杨树的光合作用、气孔导度、叶肉导度、呼吸作用、异戊二烯排放速率进行了测定。结果显示：温度达到 35℃ 时，光合作用、气孔导度和叶肉导度均达到最小。光合作用和呼吸作用要在不同温度下达到碳平衡的转化，呼吸作用和光合作用为丙酸盐而竞争，进而限制异戊二烯在高温下的排放。植物单萜烯的排放也受到温度的影响。温度的变化会影响植物单萜烯合成酶的活性，随着温度的升高，单萜烯的合成速率增大。温度的变化也会影响植物叶面通过光合作用接收到的光量子转移量的变化，当温度超过一定限度时，植物单萜烯的释放速率会受到一定程度的抑制。温度的变化导致植物单萜烯释放速率的变化，使得植物释放单萜烯表现出一定的日、季节变化规律。任琴等（2010）用不同温度和光照处理盆栽紫茎泽兰植株，通过实验发现，当光强为 $300 \sim 400\mu mol \cdot m^{-2} \cdot s^{-1}$ 时，植物单萜烯的释放速率要高于没有光照的处理组，当温度达到 $15 \sim 30℃$，大部分单萜类物质相对含量都随着温度的升高而增加，这可能是由高温诱导了相关物质的合成过程。Matsunaga 等（2011）研究发现，植物单萜烯的排放在夏季达到最大，而在冬季释放量最小，这主要与夏季温度较高有关。类似的规律也在其他研究中发现，Tarvainen 等（2005）研究了欧洲赤松 BVOCs 排放的日变化规律，研究发现在单萜烯释放的日变化规律是随着温度的变化而变化的，排放速率随着温度的升高而增大，在正午时刻排放速率达到最大，并随着温度的降低而减小。一般来说，单萜烯合成受到温度的影响较大，主要原因是合成单萜烯的植物具有一定的储存器官（如树脂道）。而落叶树叶片含有少量或基本不含有储存器官，而针叶树种含有大量的储存挥发物合成的器官，并储存了大量的 BVOCs。总体来说，植物单萜烯的合成和释放都与温度紧密相关，温度是单萜烯合成的支配性因素；研究也表明，植物单萜烯排放速率与温度呈较好的指数相关关系。

3. CO_2 和臭氧

环境 CO_2 浓度对 BVOCs 具有一定的影响。CO_2 是植物光合作用的重要反应底物，CO_2 浓度升高能够影响植物的生理反应，进而影响植物的生理代谢。大气 CO_2 浓度升高会引起植物光反应过程中碳同化速率的提高，当 CO_2 浓度超过一定限度时，即"过量"的时候会刺激植物发生次生代谢反应，一些次生代谢产物尤其是含碳物质就会形成和分泌在植物体内，而相应的一些非结构碳水化合物的浓度就会因此而升高。植物挥发物的排放是一种次生代谢反应，而大气中 CO_2 浓度升高引发的温室效应势必会刺激植物挥发性有机化合物排放量的增加。

近年来众多研究发现，CO_2 浓度升高并没有诱导 BVOCs 排放量的增加。Rosenstiel 等（2003）研究发现，农田生态系统中异戊二烯的排放量会因 CO_2 浓度升高而减少达 41%。不仅如此，一些单株树木如橡树等叶片的异戊二烯释放量也受高 CO_2 浓度的抑制，在 CO_2 浓度超过 $200\mu mol \cdot mol^{-1}$ 时迅速下降。同样，Staudt 等（2004）通过室内模拟实验，采用高浓度的 CO_2 熏蒸处理花旗松，结果表明经过熏蒸实验 4 年后的花旗松的单萜烯释放量显著降低，产量减少 52%。花旗松单萜烯含量在高浓度 CO_2 和高温的刺激下减少了 64%。这些研究都表明，高浓度的 CO_2 浓度不仅不能刺激 BVOCs 排放的增加，反而会抑制 BVOCs 的释放。CO_2 在什么范围有利于 BVOCs 排放？Rapparini 等（2003）研究发现，长时间的 CO_2 熏蒸并没有刺激单萜烯和异戊二烯的排放，而萜烯类物质和异戊二烯的释放极易受短时间 CO_2 浓度变化的影响而显著减少。Niinemets（2002）研究表明，CO_2 浓度刺激 BVOCs 的排放是有一定的浓度阈值的，当 CO_2 浓度小于 $100mL \cdot m^{-3}$ 时，植物挥发物的排放随着 CO_2 浓度的升高而增大；当 CO_2 浓度为 $100 \sim 600mL \cdot m^{-3}$ 时，植物挥发物的排放较平稳；当 CO_2 浓度大于 $600mL \cdot m^{-3}$ 时，植物挥发物的排放逐渐下降。

CO_2 浓度升高会增加植物的碳同化速率，当碳库达到一定量时，植物的次生代谢反应可能利用过量的碳去合成其他的一些产物，导致一些萜烯类等 BVOCs 物质含量下降。BVOCs 释放随着 CO_2 浓度的变化以及次生代谢途径的转换也会因植物种类和生长发育阶段的变化而变化，而由 CO_2 浓度升高带来的一些植物生理生态反应，也会随着其他环境因子的改变而发生变化，从而对一些外界反应和刺激产生削减。目前关于 CO_2 浓度变化对 BVOCs 的释放影响结论不尽一致，有的研究表明 CO_2 浓度升高不会对 BVOCs 的含量造成影响，而有的研究表明 CO_2 浓度升高会加剧温室效益，也会间接影响 BVOCs 的含量和释放。当前的研究表明，CO_2 浓度升高对 BVOCs 的排放具有一定的不确定性，还需要进一步的研究。

臭氧是重要的二次污染物，臭氧能够影响植物的光合作用，并造成植物叶片灼伤，导致细胞程序性死亡，同时刺激植物产生防御反应释放 BVOCs。臭氧通过影响植物的生物化学和生理机能来影响 BVOCs 的合成和释放，同时还能与叶表面发生一些反应从而改变其物理化学特性。植物在高浓度 O_3 熏蒸下会让植物发生细胞程序性死亡，与植物病原体侵害植物发生超敏反应类似。Overmyer 等（2008）研究拟南芥对不同 O_3 浓度的响应，O_3 通过气孔进入叶片组织，会导致 Ca^{2+} 进入细胞质液量增长，细胞质中活性氧（ROS）的积累量也增加，活性氧分子是植物在受到外界胁迫时做出的反应，说明 O_3 对植物代谢反应具有一定的影响。

臭氧能够影响植物的光合作用，造成植物生物合成初次代谢产物和 BVOCs 对碳需求的减少。臭氧浓度升高会降低植物光合同化作用能力，改变植物从叶片到根系同化转移能力，从而改变植物存储器官的碳同化能力。臭氧对于植物光合作用的影响，也会导致植物体内碳水化合物（从可溶性糖到淀粉）的减少。臭氧可以损伤和抑制植物光合作用中的光捕获以及叶绿体和韧皮部中淀粉积累的过程。慢性的臭氧熏蒸也会造成植物光合色素（叶绿素 a、叶绿素 b 和类胡萝卜素）的减少。臭氧也会对参与净光合 CO_2 同化过程的二磷酸核酮糖羧化酶含量和活性产生消极的影响，但会提高磷酸烯醇丙酮酸羧化酶的含量和活性。臭氧会导致气孔导度和胞间 CO_2 浓度降低，臭氧熏蒸条件下植物气孔关闭会导致总初级生产力和碳储量下降。虫害诱导植物排放的 BVOCs 与光合作用有关，植物光合能力下降导致合成 BVOCs 前体细胞需求减少。生物化学水平上的臭氧诱导变化将会导致 BVOCs 排放量的增加。在慢性 O_3 熏蒸下，植物一些明显的症状开始发展，诱导产生的 BVOCs 排放量也开始增加。研究发现，地中海的部分木本植物，如意大利石松、欧洲桦在野外 O_3 慢性熏蒸环境条件下都会诱导萜烯类物质产生不同程度的排放。在野外熏蒸实验条件下，将 O_3 浓度从 $100nL \cdot L^{-1}$ 提高到 $250nL \cdot L^{-1}$，3 年生的常青栎单萜烯排放量明显增加。不仅如此，Yuan 等（2016）利用 FACE 熏蒸平台研究了在不同 O_3 和水分胁迫处理条件下（①无 O_3+水分条件良好；②无 O_3+中度干旱；③O_3+水分条件良好；④O_3+中度干旱）对毛白杨异戊二烯排放的综合影响作用。结果表明，在 O_3 条件下异戊二烯的排放减少 40.4%，而水分胁迫下异戊二烯排放增加 38.4%。不同部位叶片受到的影响也不同，叶片上部的排放量是叶片中部的 1.4 倍。O_3 和水分胁迫交互作用对异戊二烯排放的影响不显著，这是因为 O_3 对水分条件良好的条件下和中度干旱下异戊二烯排放的影响没有显著性差异。但是将叶片部位考虑到上述两者的交互作用中，臭氧对叶片中部异戊二烯的排放减少量要高于叶片上部。

BVOCs 的排放对 O_3 浓度变化的响应受到树种、叶龄、季节和 BVOCs 种类的影响。目前的研究主要是针对 CO_2、O_3 等单一因素的影响，对于 CO_2 和 O_3 复合作用下对 BVOCs 释放规律的研究较少，尤其是现阶段的实验主要是结合野外和室内 O_3 熏蒸平台对幼树的影响，缺乏对野外环境下不同生长阶段树种的研究。当前 O_3 已成为我国环境污染不容忽视的污染物，随着城市化的快速发展，这种趋势也将日益加重，研究 O_3 对城市大气环境污染的贡献，以及城市 BVOCs 排放对 O_3 和 CO_2 浓度升高而导致的复合污染作用的响应和释放机制将会更具现实意义。

4. 胁迫

BVOCs 的排放受到各种干扰（扰动和胁迫）的影响。人为活动、动物取食、放牧等都会增加 BVOCs 的排放速率。水分胁迫、干旱等气候变化胁迫也会对 BVOCs 的释放规律产生影响。植物在受到短期水分胁迫情况下能够释放大量 BVOCs 来保持自身新陈代谢平衡，而在长期水分胁迫情况下则释放速率会大大减缓。一些植物在霜冻、风干等自然天气条件下，植物排放的 C_5 和 C_6 化合物会大大增加。植物叶片受到机械损伤、动物啃食也会大量释放 BVOCs 来应对外界的刺激。高伟等（2013）利用在线质谱分析了马尾松叶片在受到外界机械损伤刺激后的应激反应，结果表明受到机械损伤叶片 BVOCs 的排放量要高于新鲜完好的样品。刘芳等（2013）利用盆栽实验研究了迷迭香挥发物排放对不同干旱胁迫条件（轻度、中度和重度）响应的研究，结果表明，轻度、中度和重度干旱胁迫都能刺激迷迭香 BVOCs 释放量的增加，但随着干旱胁迫程度的增加，迷迭香

BVOCs 释放速率和总量明显减少，但种类增加，尤其是会明显诱导一些绿叶挥发物和醛类挥发物的释放。植物对干旱胁迫的响应是调节自身保护酶活性、渗透调节物质含量和释放挥发物来增强其抗旱性。邓文红等（2008）通过对马尾松经过虫食伤害处理，对比分析正常枝和损伤枝以及枝干不同部位挥发物排放的差异，结果显示，水芹烯在所有采样枝条中含量都有增加，而 α-蒎烯则在实验中显著降低，其他挥发物相对含量并没有明显的变化。植物对外界刺激而激发体内生理反应产生的挥发性有机化合物是对外界刺激的响应，植物通过产生化学信号分子等信号防御系统等来抵御外界胁迫。

5. 氮素

BVOCs 是植物参与大气−生物圈生态系统循环的重要物质，其具有高反应活性，参与对流层大气化学过程，改变大气的氧化−还原状态，从而影响大气与生物圈的碳循环。目前氮沉降已经严重影响了生态系统碳循环，BVOCs 作为生态系统碳循环的重要部分，了解氮沉降对 BVOCs 的影响有助于对全球生态系统碳氮循环及其耦合机制的研究。

从养分角度来看，氮素是植物生长发育所需的必要元素之一，氮素的可利用性对植物的生理代谢过程具有重要的影响。植物自身氮素含量受到大气和土壤中氮素含量的影响，环境氮素含量的改变，植物自身也将产生一定的响应。鲁艳辉等（2016）探究了不同生育期和施氮水平对香根草释放 BVOCs 的影响，研究发现不同梯度施氮（0、10g·丛$^{-1}$、20g·丛$^{-1}$）对香根草 α-蒎烯和壬醛的相对含量产生显著降低的影响，而柏木脑的相对含量则显著上升。某些植物对氮素可利用性降低会增加其萜烯类物质的排放，如地中海松（*Pinus halepensis*）、冬青栎（*Quercus ilex*）等。之后的研究还表明，氮素可利用性地降低还会增强植物对机械损伤和昆虫啃食等刺激的应激反应能力。大气中氮素对植物挥发物排放的影响程度，除了植物氮素含量外，植物自身氮素的含量水平也是重要的决定因素。当植物叶片氮素含量较低时，植物单萜烯排放与外界氮素含量变化关系不大；当植物叶片氮素含量较高时，植物萜烯类物质的释放也随外界环境中氮素含量的升高而增大。氮素不足除了会引起植物易遭受动物啃食而释放大量挥发物外，还会造成诱导叶片枯落物释放挥发物发生变化，枯落物释放的碳质化合物也是大气重要的碳源，对生态系统碳循环具有重要影响。受到人类排放的影响，全球氮素循环已经达到一个峰值。根据碳−养分循环平衡理论，任何生态系统缺乏养分都会影响二次代谢产物的合成。当养分可利用性受到限制时，植物生长速率就会降低，但是光合作用主要利用碳同化从而使其受到的影响较小。氮素可利用性降低时，植物体内的含氮碱基化合物也随之降低，导致碳水化合物（如可溶性糖、淀粉等）在植物体内积累增多，这些碳水化合物都是合成 BVOCs 的重要前体物，氮素不足就是间接地通过调控这些前体物来影响 BVOCs 的合成和释放。

氮素不足导致植物排放大量挥发物来应对此种胁迫，排放挥发物会消耗植物体内大量的含碳物质及能量，不利于植物的生长发育。氮沉降能够弥补氮素不足，从而使植物免于消耗和分配过多的碳水物质而造成伤害，相应的挥发物的排放也会减少。对于氮素充足的系统，氮沉降会使植物氮素含量达到过饱和，促进植物生理代谢过程，植物分配更多的营养物质到地上部分，根茎比减少，地上部分生长旺盛，会消耗大量的碳水物质，从而又促进了植物挥发性物质的排放，这些物质的排放虽然消耗了一定的营养物质和能量，但反过来又能使植物避免营养物质过剩而利于自身生长。

1.4.2 植物源挥发性有机化合物排放的生理影响因素

植物排放挥发性有机化合物不仅受到环境因子的影响，通过外界环境因子的刺激而导致植物自身生理生态特征发生变化也会对植物合成和释放 BVOCs 产生一定的作用。

1. 树种

树木间 BVOCs 排放速率的不同主要是由树种决定的，树木种类的不同是树木存在排放差异的本质原因。Benjamin 和 Winer（1998）对 26 种栎属植物的测试结果显示，BVOCs 的排放速率在同属不同种植物之间最大可相差 22 倍。Owen 等（2001）的研究表明：在不同属植物之间，其 BVOCs 的排放状况是有显著差别的。

2. 树龄

一些研究表明，树龄对挥发物排放有一定影响。Street 等（1997）研究发现，相同采样环境下的松树枝叶 BVOCs 排放速率幼树比成年树高 2~3 倍。但也有一些研究表明，成年树 BVOCs 排放速率比幼树 BVOCs 排放速率高。例如，Kim 等（2005）对日本柳杉以及红松进行研究发现，虽然幼树与成年树排放的 BVOCs 组分基本相同，但幼树的 BVOCs 排放速率比成年树 BVOCs 排放速率更高。

3. 植物发育阶段

Kuzma 等（1993）研究表明，在植物不同的发育阶段，其排放的 BVOCs 组成成分和各组分的含量也不尽相同，成熟叶片比幼叶排放更多的异戊二烯。

Kuzma 的研究表明，在一般状况下，处于发芽期及花期的植被 BVOCs 排放速率明显比处于展叶期的植被 BVOCs 排放速率高，且其挥发物组分间也存在差异，分析原因发现该现象可能与植物体内有机物调节酶的活性不同有关（贾晓轩，2016）。

花圣卓等（2016）分析了不同植物萜烯类化合物排放速率与植物生理特征参数的相关性，研究表明萜烯类物质排放速率与气孔导度、净光合效率和蒸腾速率相关性较强，呈显著正相关，而与胞间 CO_2 浓度呈负相关。Fillella 等（2005）在地中海对冬青进行了光照环境下茉莉酸的涂抹实验，茉莉酸可以刺激冬青对较低 CO_2 浓度和水汽交换做出反应，同时也会诱导冬青的气孔活动。涂抹茉莉酸的冬青单萜烯的排放量要比对照高 20%~30%，涂抹 24h 后的冬青要比涂抹 1h 排放量大，但是单萜烯的排放种类和丰度并不会发生大的变化。茉莉酸也会诱导冬青大量释放酸。研究还发现，单萜烯的排放从无光照到光照开始逐渐增长，其排放量与净光合速率、气孔导度具有一定的相关性，气孔闭合将导致单萜烯排放的减少。在相同的区域研究者发现橡树能够排放大量的单萜烯，而异戊二烯排放量很少。单萜烯的昼夜排放规律受光照、CO_2 同化速率、蒸腾速率和气孔导度影响较大，对于温度的依赖性较小。Niinemets（2002）对意大利石松的研究发现，单萜烯释放量在中午逐渐降低，主要原因是正午温度较高导致水分胁迫诱导植物气孔导度减少；同时研究还发现，并不是所有的单萜烯都会受到气孔导度降低的影响，如柠檬烯和反式-β-罗勒烯。出现这种现象的原因是气孔敏感性与萜烯类化合物亨利常数（H）有关，萜烯类化合物排放遵循扩散第一定律，即单萜烯的排放通量与植物组织细胞内和叶片边界层之间化合物的浓度梯度成正比，因此气孔关闭（气孔导度减小）将会让植物的细胞内的 BVOCs 迅速增加并排放到大气中。

1.5　森林植被挥发性有机化合物排放优势植物物种

森林 BVOCs 的释放速率和成分组成在不同属植物及同属不同种植物之间有较大差别。Benjamin 和 Winer（1998）通过对加利福尼亚南部地区城市森林中的 308 种树木和灌木的研究发现，不同属植物间的 BVOCs 的释放情况相差很大。槭树属（Acer）、白蜡树属（Fraxinus）和梨属（Pyrus）植物的 BVOCs 释放速率很低，甚至有许多树木种类没有单萜烯和异戊二烯的释放，而杨属（Populus）、栎属（Quercus）和柳属（Salix）树木种类的 BVOCs 释放速率较高。在被测树木中, 油棕 (*Elaeis guineensis*) 是 BVOCs 释放速率最高的种类, 其单萜烯和异戊二烯的总释放速率可以比其他低释放种类高出成百上千倍。同属的不同树种之间的BVOCs 释放速率也会有很大差异。在 26 种被测栎属植物中, 释放速率最大可以相差 22 倍。Owen 等 (2001) 还对地中海地区杨梅属 (*Myrica*)、松属、栎属等 7 属10 个种植物的 BVOCs 释放情况进行了比较, 并按照各个种类在标准情况下 (30℃, PAR 为 1000μmol · m^{-2} · s^{-1}) BVOCs 释放速率大小将其划分为 3 个等级。其中, 70% 被测种类为低释放种类, BVOCs 释放速率介于 0.1 ~ 5.0μg C · g^{-1} · h^{-1}; 中释放种类和高释放种类所占比例相对要小, 其 BVOCs 释放速率分别为 5 ~ 10μg C · g^{-1} · h^{-1} 和 10μg C · g^{-1} · h^{-1} 以上。许多树种只能挥发某些特定的 BVOCs种类, 如松属和槭树属植物没有异戊二烯的释放, 许多白蜡树属和榆属 (*Ulmus*)植物既不释放异戊二烯, 也没有单萜烯成分释放。可见, 树种差异是决定树木BVOCs 释放的首要因素, 它决定了不同树种所释放的 BVOCs 的成分差异和释放速率的大小。

1.6 森林植被挥发性有机化合物排放对环境的影响

1.6.1 森林植被挥发性有机化合物对大气的影响

BVOCs 是大气中主要污染物 O_3、其他二次污染物 (过氧化氢、二次有机气溶胶) 的重要前体物。

1. 对臭氧形成的影响

BVOCs 中异戊二烯的光化学臭氧形成潜力比人为源 VOCs 高出 5 倍, 此外, α-蒎烯和 β-蒎烯这两种单萜烯都具有一个 C═C 双键, 导致其在大气化学环境中的反应活性较高。目前研究公布的与臭氧生成相关的 58 种 VOCs 中, 许多化合物都可在植物挥发物中观察到, 如壬烷、癸烷、对二甲苯等。Nishimura 等(2015) 对大阪周边 10 个地区 BVOCs 排放与 O_3 生成之间的关系进行研究发现, BVOCs 的排放促进了大阪城市 O_3 浓度的变化, 每个地区的 BVOCs 日最大生成O_3 浓度之和可达 10.3nL · L^{-1}, 贡献率达 15.9%。Watson 等 (2006) 研究了异戊二烯对城市对流层中微量气体成分的影响发现, 异戊二烯在夏季可以降低羟基自由基和氮氧化物浓度, 提高大气 O_3 浓度。

如表 1-4 所示，虞小芳等（2018）对广州市的臭氧生成敏感性研究发现，在广州，臭氧生成过程受 VOCs 控制，且 BVOCs 对臭氧生成的贡献最大。崔虎雄等（2011）分析了 2010 年上海城区臭氧污染的 VOCs 特征，发现影响臭氧生成的重要活性物种包括乙烯、丙烯、甲苯、邻/间/对二甲苯以及一些烯烃物种，占总臭氧生成潜势的 70% 以上。丁洁然和景长勇（2016）对唐山市夏季大气 VOCs 臭氧生成潜势研究发现臭氧生成潜势敏感组分以烯烃为主，占总 VOCs 臭氧生成潜势贡献的 49% ~ 66%，其主要敏感性物质为丙烯。

表 1-4　VOCs 对臭氧生成潜势（OFP）贡献百分比

地区	芳香烃	烯烃	烷烃	其他 VOCs	乙炔	文献
广州市	37.69	36.03	21.50	4.43	0.35	虞小芳等，2018
上海市	44 ~ 66	20 ~ 40	12 ~ 16	—	<1	崔虎雄等，2011
唐山市	19 ~ 31	49 ~ 66	14 ~ 20	—		丁洁然和景长勇，2016

由此可知，异戊二烯、间/对二甲苯、邻二甲苯等常见于 BVOCs 组分中的物质对大气臭氧生成有很重要的影响，在一定的气象条件下，BVOCs 与大气中的氮氧化物会进一步发生光化学反应，生成二次污染物（如臭氧等）（熊振华等，2013），其与一次污染物混合会形成高氧化性气团，也就是光化学烟雾，而光化学烟雾不仅对眼部和呼吸道有很强的刺激性，还会引发人体哮喘、头痛以及肺功能衰竭（张永生和房靖华，2003）。

2. 对二次有机气溶胶的影响

二次有机气溶胶（SOA）是大气颗粒物的重要前体物，是雾霾等光化学污染物的重要组成部分，会造成大气能见度降低，大气光化学厚度变大，引发人体一系列疾病的发生。植物源挥发性有机化合物具有比人为源挥发性有机化合物更高反应活性的不饱和键，可以参与大气化学反应，在·OH 等活性自由基存在的条件下发生一系列光氧化反应，生成二次有机气溶胶（SOA）。本书中研究的二次有机气溶胶主要是 BVOCs 与大气中的氧化性物质（如 O_3、OH 自由基和 NO_x 等）发生反应生成难以挥发的二次有机化合物，这些物质经过气粒转换过程，吸附在颗粒物上，最终形成二次有机气溶胶。二次有机气溶胶是 $PM_{2.5}$ 的主要成分之一。中国大气二次有机气溶胶占颗粒物中总有机化合物的 30% ~ 95%。全球大气中二次有机气溶胶约为有机气溶胶总量的 60%，在某些局部区域甚至高于这个比例。二次有机气溶胶具有很强的分子极性，分子结合水也具有很强的吸湿性，能够降低大气能见度，影响全球辐射平衡，对光化学烟雾的形成和全球气候变化都具有重要影响。此外，SOA 主要分布于细颗粒物中，可通过呼吸道进入肺部，其中的有害成分可被人体吸收，损害人体健康。因此，深入认识大气二次有机气溶胶的组成及来源具有重要意义。

随着我国经济的快速发展，环境污染问题愈发严重，以细颗粒物污染为特征的大气复合型污染日益凸显。在这种环境污染背景下，一方面森林植被通过直接覆盖地表，改变林内微气象，利用独特的枝叶结构可以捕获大气颗粒物；另一方面，森林植被排放的挥发性有机化合物又成为大气污染物的重要前体物。上述这种复杂的双重作用已引起了越来越多的科学家的关注，森林排放挥发性物质的环境效应已成为该领域的研究热点。

天然源二次有机气溶胶（BSOA）种类繁多，成分复杂，直接分析检测其成分十分困难，一般将有机物分子中的一些官能团如羟基、羰基、羧基等基团进行衍生化处理，之后在气相色谱质谱（GC/MS）上进行分离和鉴定。目前能够鉴定衍生物的质谱技术主要有电子电离质谱（EI-MS）、气相色谱化学电离二级质谱（CI-MS）、气相色谱质谱联用（GC-MS）、液相色谱–质谱联用（HPLC-MS）技术。

孙涛等（2013）利用衍生化手段，对西安市的气溶胶样品进行了 N,O- 双（三甲基硅烷基）三氟乙酰胺的衍生化处理，定量分析了生物二次有机气溶胶异戊二烯的光氧化产物，共鉴定出 7 种主要的二次有机气溶胶组分，其中 2-甲基丁四醇和 C_5-烯三醇是异戊二烯的光氧化产物；2-甲基甘油酸、顺蒎酸、蒎酮酸、3-羟基戊二酸和 3-甲基-1,2,3- 丁三酸是单蒎烯的氧化产物；倍半萜烯酸是倍半萜烯的氧化产物。代东决等（2012）采集了常绿阔叶林内的 $PM_{2.5}$ 样本，并对样本进行了一系列衍生化处理及气相色谱质谱分析，对异戊二烯氧化产物、蒎烯氧化产物、小分子羧酸等进行了浓度测定。Wang（2004）采用 N,O- 双（三甲基硅烷基）三氟乙酰胺衍生化试剂分别对亚马孙流域和大匈牙利平原的气溶胶样品中的有机分子进行衍生化处理，通过对不同衍生化产物的质谱图对比以及官能团的数量和位置分析，分离和确定了异戊二烯的氧化产物：顺式和反式 2-甲基-丁四醇、顺式和反式 2-甲基-1,3,4-三羟基-1-丁烯、3-甲基-2,3,4-三羟基-1-丁烯，这些物质都互为同分异构体。Jaoui 等（2005）采用 O-（2,3,4,5,6-五氟苯）羟胺（PFBHA）和 N,O-二（三甲硅烷）-三氟乙酰胺（BSTFA）两种衍生试剂，运用衍生化手段和质谱技术，并通过质谱图解析对有机物分子中的—OH，—COOH 和 ＼C ＝O 等官能团进行了数量和位置的确定，再结合标准物质对照最终确定了这些衍生物的化学结构，从气溶胶样品中分离出的氧化产物有3-异丙基–戊二酸、3-羧基–庚二酸、3-乙酰基–戊二酸、3-乙酰基–己二酸、3-(2-羟乙基)-2,2-二甲基环丁羧酸、4-异丙基-2,4-二羟基己醇和2-异丙基-1,2-二羟基丁醇等具有单萜烯母体结构氧化而来的痕量标志化合物。

BVOCs 生成 SOA 问题近年来取得了很大的研究进展，主要途径有三个：一是烟雾箱模拟；二是野外现场观测；三是模式模型估算。烟雾箱的方法针对单一或有限物种生成 SOA，对于 SOA 化学组成和生成机制的研究十分有效。目前国内也有很多的报道，研究不同前体物在光照条件下和 OH 自由基反应，以探讨 SOA 的生成机制。早期研究中前体物浓度远高于实际大气中的浓度，因此造成很大的误差，虽然最近的烟雾箱已经克服了这个缺点，但是由于烟雾箱试验主要针对一种或两种化合物的反应，依然简化了实际大气的情况，因此烟雾箱实验的结果与真实大气中 SOA 的生成情况还有差距。一些烟雾箱的结果与实际环境观测资料不相吻合的情况还很普遍，野外观测研究中新发现的两种化合物就说明了这一点。

目前基于野外现场观测的研究成为 SOA 研究的主要方向。一些科学家陆续开展了森林大气中 SOA 的现场观测，包括观测中国四个典型森林地区（长白山自然保护区、崇明岛东平国家森林公园、鼎湖山自然保护区、海南尖峰岭自然保护区）大气中 SOA 的化学组成和浓度水平，研究发现我国森林气溶胶中异戊二烯和 α-蒎烯氧化产物为 SOA 的主要成分。Guo 等（2012）监测了北京夏季异戊二烯、α-蒎烯、β-丁香烯和甲苯生成的 SOA 示踪物浓度，并跟国际上不同地区的测量结果进行比较，发现北京 SOA 具有很高的区域背景。近五年来，国内关于 SOA 的观测研究也取得了很大进展，Huang 等（2016）和 Gong 等（2013）采用在线高分辨的气溶胶质谱仪（AMS）观测了上海和深圳等地区大气颗粒物的组分，确定了 SOA 的标志性碎片，为现场观测 SOA 提供了线索。Zhang 等（2005）也提炼现场的 AMS 数据以及 SOA 的标志性碎片，开发了计算一次有机气溶胶（POA）和二次有机气溶胶（SOA）的数据模型。由于环境大气中 SOA 组分复杂，同时受观测条件、仪器方面的限制，从实际大气中观测中获得 SOA 的产率及形成机制等还很困难。

Pinto 等（2007）将植物生长箱与反应箱分离，研究了卷心菜的单萜烯释放规律，认为其释放的单萜烯浓度为 $30nL \cdot L^{-1}$，其中含有 30% 的柠檬烯，并发现在臭氧浓度低于 $100nL \cdot L^{-1}$ 的条件下上述浓度的 BVOCs 很难形成新的颗粒物。树木作为 BVOCs 的主要释放源，也被进行了研究。李莹莹等（2011）采用生态罩在紫外光诱导条件下，对驱蚊草释放的 BVOCs 向二次有机气溶胶转化进行了研究。通过采用气质分析方法共检测出萜烯类、醇类和酮类等7种主要的化合物，在不同光照强度紫外灯照射下，使用串联差分淌度分析仪分析生态罩内BVOCs氧化物质的粒径，研究发现在持续紫外光照下，罩内有新粒径的生成，随着时间的推移，粒径逐渐变大。研究结果说明，在反应初期新生成的粒子经过碰并增长使粒径增大，这说明粒径的变化主要是SOA等氧化产物新生粒子碰并增长造成的。研究还表明，新生粒子具有吸湿性，生长因子逐渐增大。Vanreken等（2006）研究了欧洲栎树以及火炬松排放的BVOCs被臭氧氧化后对SOA的贡献。该实验的BVOCs混合比为几十亿分之一，低于普通烟雾箱实验中的BVOCs的浓度水平，所有实验条件与环境大气近似。实验发现，欧洲栎树排放的BVOCs不容易产生SOA，而火炬松排放的BVOCs生成SOA的效率非常高，甚至高于同浓度的蒎烯。实验还发现，即使是同一棵火炬松，其产生的SOA的量也是变化的。这个研究也证明了可以在接近环境大气的条件下研究植物源SOA的形成。Mentel等（2009）利用分离的生长箱和反应箱研究了几种树木排放的BVOCs被臭氧和OH自由基氧化后生成SOA的机制。研究发现，SOA浓度、成核和凝聚速率与反应箱中BVOCs的混合比呈正比线性关系，SOA的产率与野外观测数据相吻合。上述研究结果都证明了BVOCs对大气中SOA的形成有很重要的贡献，目前由于研究条件的限制，还不能很准确地估算区域BVOCs对SOA的贡献。

1.6.2 森林植被挥发性有机化合物对生物的影响

植物进行光合作用能够固定大气中的CO_2，转化为有机碳（葡萄糖和淀粉），植物除通过自身呼吸消耗一部分有机物外，其余大部分有机碳都被输送到储存器官用作自身生长发育和生殖。植物在生长发育的同时能够释放一些挥发性碳氢化合物（VHCs），这些物质中的少部分作为植物代谢的废物（如丙酮和甲醇）被排到体外，而诸如异戊二烯、萜烯类物质、脂肪酸和一些光依赖性物质等是植物体内利用各种合成酶的催化发生的重新合成，并不是代谢废物，这些物质的合成消耗了植物光合作用产生的碳水化合物，从而降低了植物的光合生产率。研究表明，植物释放的BVOCs是作为一种自身防卫和抵御外界胁迫的化学信号物质，因此这些物质应该具有一定的生理学或生态学的功能。根据以上原理，现阶段主要有以下假说：①抗氧化假说；②抗热胁迫假说；③促氮同化假说；等等。但这些假说都是从一个单一的角度出发来解释相关的现象，BVOCs排放机制仍然需要进一步的研究。

1. 抗氧化假说

植物合成和释放的异戊二烯能够和大气中的 O_3 和 OH 自由基发生化学反应，降低对植物的氧化，是一种植物合成的抗氧化剂。一种假设认为，异戊二烯能够稳定和保护植物细胞膜免受高温的破坏；另一种假设认为，异戊二烯可以与植物细胞中的单线粒氧发生反应，防止单线粒氧对细胞的损害，达到抗氧化的功能。这种抗氧化作用可能与异戊二烯自带的双键有关系。Loreto 等（2001）设置了一个对比试验，即向芦苇注入膦胺霉素来抑制异戊二烯释放的叶片和正常释放异戊二烯的叶片。研究发现，异戊二烯释放受到抑制的叶片对臭氧浓度变化更敏感，同时也发现该叶片的一些生理功能也受到臭氧的强烈影响，可以看出叶片正常释放异戊二烯对自身产生了一定的抗氧化效应。Loreto 甚至认为，所有的类异戊二烯物质都具有一定的抗氧化特性。但是这种假设的前提是异戊二烯与臭氧的氧化产物对植物的副作用或损害要小于臭氧对植物的直接作用。

2. 抗热胁迫假说

高温能够引起抗氧化特性和激活氧物种的不平衡从而导致抗氧化胁迫。激活氧的累积可以引起各种组织水平的损伤，包括叶绿体。叶黄素循环、光呼吸，以及其他的一些新陈代谢活动能够保护叶绿体免受一些氧化损伤。叶绿体中存在许多酶促抗氧化剂和非酶促抗氧化剂来控制氧毒性。植物异戊二烯在高温下还能保持较高的释放速率，说明其具有使植物保持热胁迫的功能。异戊二烯能够插入类囊体中的亲脂区以保持细胞膜的稳定性，这说明异戊二烯是在细胞内囊体上产生的，能够增加膜稳定性使膜抗热胁迫能力增强。选择冬青栎在 $25 \sim 50℃$ 下进行异戊二烯烟熏实验，结果显示冬青栎通过释放维生素 E、β- 类胡萝卜素来增加抗氧化酶促反应活性作为对高温胁迫的响应，高温还使单萜烯含量减少了 70%。这说明内部热胁迫引发一些可诱导机制能够在高温条件下上调这些抗氧化物质。森林生态系统光强经常快速转移变动，植物通过排放异戊二烯来适应和抵消这种热胁迫，以此可以推测植物异戊二烯的排放也和植物生境有关系。Klinger（1998）研究表明，群落演替阶段中初级阶段植物主要以向阳植物为主，导致异戊二烯排放量很大。

植物挥发物排放具有一定的生态学功能。主要包括：①化感作用。化感物质核心就是植物排放挥发性有机化合物，植物的根、茎、叶也产生化感物质。化感物质能够产生抑制和促进作用，如果受体和供体是同一种植物则会让植物产生抑制作用。②抑制病原体等作用。③抵御外界刺激作用。对于植物病原体在细胞分子水平上已有充分的研究。植物对病原体和昆虫等啃食所采取的防御机制一般可以分为组成型和诱导型两种。植物排放挥发性有机化合物来吸引捕食者、引诱寄生性天敌和吸引昆虫授粉属于诱导型防御机制。植物受到昆虫等啃食后，会在受伤的根、茎、叶部位产生大量的挥发性有机化合物，这些物质不但能抵御外界刺激和动物啃食，还有助于伤口的愈合。

3. 促氮同化假说

森林在演替初期和中期排放较多的异戊二烯，而在演替后期排放异戊二烯较少，这种生态演替规律是生态系统的一种自组织行为，说明在演替早期氮缺乏影响生态系统的正常运行，需要排放大量异戊二烯来增加对氮的吸收。在北美东部、非洲森林和中国部分地区都发现森林在演替早期排放大量的异戊二烯，而在演替后期其排放量又逐渐下降，这些发现都证实了促氮同化假说的存在。

1.6.3　森林植被挥发性有机化合物的健康效应

人类在森林、绿地等环境中受到其他生物体的他感作用主要来自植物挥发性成分，这些组分均经由嗅觉等刺激对人体生理和心理产生影响。一些植物源挥发性有机化合物能够有效地抑制空气中的细菌，并具有消除疲劳、醒脑提神、促进内分泌、抗肿瘤、调整感觉系统的作用。

对人体健康有益的成分如樟脑、芳樟醇、D-柠檬烯、乙酸龙脑酯、石竹烯在医药行业应用广泛，分别有治疗心脑血管疾病（熊颖等，2009）、改善高血压患者症状、预防胃肠道癌症（Van et al.，2004）的作用。此外，樟脑还可作为香料添加剂用于化妆品、香精、清洁去垢剂中（熊颖等，2009）；月桂烯有兴奋神经中枢、令人心旷神怡的效果。α-蒎烯、β-愈创木烯有抑菌、杀菌以及净化空气的效果；龙脑具有明目、消肿、止痛、醒脑、解毒等功效（范晓丹等，2011）；肉桂酸乙酯、β-甜没药烯、长叶烯等可制成香料，有美容护肤的效果；α-松油醇、庚醛、乙醛、乙酸乙醋有水果香味，人嗅闻后可产生愉悦感。张薇等（2007）通过研究 20 种园林植物的抑菌作用发现，水杨酸甲醋、邻苯二酚、乙酸、乙硫醚有明显的抗菌抑菌作用。杜松醇、α-红没药醇、角鲨烯除有抗炎的作用，还有极好的养颜、润肤等功效。另外，有一些植物源挥发物成分对人体具有不利影响，如苯系物可引起人体注意力不集中并导致人的记忆力减退；高浓度莰烯可能会导致支气管收缩而引起肺部疾病；苯甲酮以及苯乙酮是毒性物质，当浓度较高时可危害人体健康，环己酮具有刺激性气味，且易燃性强，也易对人体健康及环境造成不利影响（王积涛等，2008）。

与此同时，BVOCs 排放在一定程度上对环境和人体健康也有负面影响。我国城市化与工业化进程持续加快，在历史环境问题积累日益凸显与现代环境意识逐渐提升的双重驱动下，城市空气污染问题逐渐成为制约中国可持续发展的核心问题。我国城市大气污染类型已经从煤烟型污染转化为煤烟型与机动车尾气污染共存的复合型污染，同时在快速城市化与工业化背景下污染物的不合理排放增加，城市大气氧化性增强，细粒子污染严重，对公众健康产生了严重影响。近年来，流行病学和毒理学研究已经证实，大气颗粒物的质量浓度与人体健康状况显著相关。研究表明，人若长久暴露于污染的空气中会引起呼吸道疾病和减少寿命。Yang 等（2011）发现硫酸铵对大气能见度下降贡献最大，其次为硝酸铵、有机化合物和黑炭。世界卫生组织（WHO）的癌症研究机构和国际癌症研究机构（IARC）将颗粒物认定为致癌物质。我国污染较为严重的地区有京津冀、长江三角洲和珠江三角洲地区。从卫星监测上可以看出，我国经常遭受严重的雾霾天气，且冬季最为严重，表明我国空气污染分布范围广泛，不仅仅局限于城市区域。污染地域范围不仅包括污染源所在地，还会通过大气输送覆盖周边区域，形成大气复合污染和雾霾现象。

1.7　存在问题及发展趋势

对 BVOCs 排放及二次有机气溶胶的研究在国际上也是一个热点领域，目前国内研究较少且处于初级阶段。研究大气中尤其是森林地区 BVOCs 成分及其光化学反应机理有助于大气颗粒物源解析、空气质量模拟，以及对气候效应的研究。

现阶段对植物源 VOCs 排放的研究主要集中在 BVOCs 组分的识别、相对含量的测定上，对其在不同时空条件下的排放规律、影响排放强度的环境和生理生态因素，以及 BVOCs 向二次有机气溶胶（SOA）转换机制及过程等方面仍存在明显不足。因此，首先要摸清植物排放的挥发性有机化合物清单，包括分析 BVOCs 的成分、混合比和排放规律，对 BVOCs 组分的确定是认识其反应机理的关键。

目前我国开展的大规模国土绿化工程使森林面积和覆盖率逐年增长，城市森林及绿地建设也成效显著，这些造林工程对美化景观、净化空气、防霾治污、固碳释氧、固水保土等方面发挥了巨大的生态价值。为防止植物排放的挥发性有机化合物成为大气污染的诱因，并引发新的环境污染，必须针对 BVOCs 的种类、数量、季节变化特征和影响排放的环境因素进行分析。研究结果可以为合理选择树种、城市森林建设和配置提供理论参考，对地区和国家实现绿色发展和生态文明建设具有重要的现实意义。

| 2 | 森林植被排放挥发性有机化合物成分特征

挥发性有机化合物种类繁多且成分复杂，分析方法比较烦琐。本研究采用吸附管循环采样被动吸附，通过动态顶空采样法循环采样使植物中的挥发物吸附于填料内，经热脱附 GC-MS 将吸附管放入热脱附仪中迅速加热，待分析的物质从吸附剂上被脱附后，由冷阱二次吸附，再加热冷阱，由载气将目标化合物带入气相色谱的毛细柱中，经色谱分离后再经质谱进行挥发性有机化合物的定性及定量分析。

乔木通常分为落叶乔木和常绿乔木。落叶乔木是指每年入秋时叶片开始脱落，至冬季干旱时节叶片全部脱落的乔木，其挥发物以异戊二烯居多，异戊二烯受光照和温度的双重影响，一天当中随着气温的升高、光照的加强，异戊二烯的排放速率也随之增大。常绿乔木则是指常年保有绿叶且树叶更新较慢的乔木，其挥发物以单萜烯居多，单萜烯主要受温度影响，一天当中随着气温的逐步升高，单萜烯的排放速率也随之增大。

基于落叶乔木和常绿乔木挥发物特征的相同点，本书选取正午阳光及温度最高时对优势树种的挥发物成分进行采样，确保挥发物成分的可捕捉性。

2.1　落叶乔木排放 BVOCs 组分及其日变化特征

2.1.1　落叶乔木排放 BVOCs 组分

桦树以排放异戊二烯为主，其挥发物还有 α-蒎烯、邻二甲苯、乙酸叶醇酯、1,3,8-P-孟三烯等。其中异戊二烯约占其挥发物总含量的 67%，α-蒎烯约占 0.2%，邻二甲苯约占 3%，乙酸叶醇酯约占 7%，1,3,8-P-孟三烯约占 0.4%。

栎树以排放异戊二烯为主，其挥发物还有邻二甲苯、乙酸叶醇酯。其中异戊二烯约占其挥发物总含量的 72%，邻二甲苯约占 3%，乙酸叶醇酯约占 15%。

榆树以排放异戊二烯为主，其挥发物还有三氯甲烷、甲苯、α-蒎烯、β-月桂烯、罗勒烯等。其中异戊二烯约占其挥发物总含量的27%，三氯甲烷约占3%，甲苯约占6%，α-蒎烯约占2%，β-月桂烯约占4%，罗勒烯约占11%。

杨树挥发物以异戊二烯为主，其挥发物还有α-蒎烯、β-蒎烯、β-月桂烯、α-水芹烯、D-柠檬烯、3-蒈烯、环己烯、桉油精等（图2-1）。其中异戊二烯约占其挥发物总含量的57%，α-蒎烯约占13%，β-蒎烯约占1%，β-月桂烯约占9%，D-柠檬烯约占15%，α-水芹烯约占0.1%，3-蒈烯约占0.3%，环己烯约占0.5%，桉油精约占0.5%。

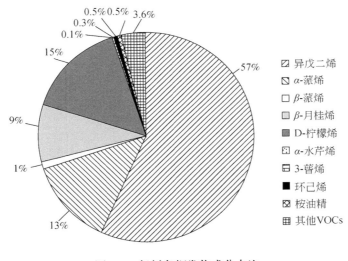

图2-1　杨树各挥发物成分占比

刺槐以排放异戊二烯为主，其挥发物还有α-水芹烯、α-蒎烯、莰烯、β-蒎烯、β-月桂烯、3-蒈烯、D-柠檬烯、环己烯、1,3,8-P-孟三烯等（图2-2）。其中异戊二烯约占其挥发物总含量的50%，α-蒎烯约占20%，β-蒎烯约占1%，β-月桂烯约占6%，D-柠檬烯约占12%，莰烯约占0.7%，α-水芹烯约占1%，3-蒈烯约占5%，环己烯约占1%，1,3,8-P-孟三烯约占1%。

楸树以排放单萜烯为主，其挥发物有α-水芹烯、α-蒎烯、莰烯、3-蒈烯、β-蒎烯、β-月桂烯、D-柠檬烯、桉油精、α-法尼烯、石竹烯等（图2-3）。其中α-水芹烯约占其挥发物总含量的4.01%，α-蒎烯约占20.03%，β-蒎烯约占13.02%，β-月桂烯约占4.01%，3-蒈烯约占18.03%，莰烯约占2%，桉油精约占1%，α-法尼烯约占0.4%，石竹烯约占0.4%，D-柠檬烯约占19.03%。

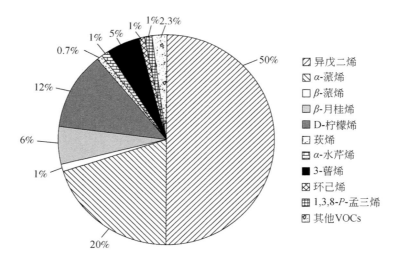

图 2-2　刺槐各挥发物成分占比

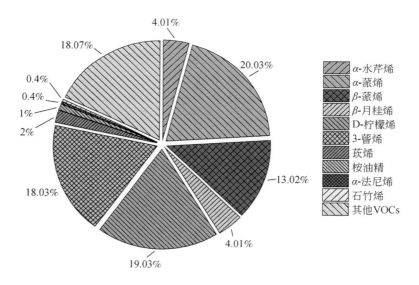

图 2-3　楸树各挥发物成分占比

元宝枫排放的挥发物有异戊二烯、α-水芹烯、α-蒎烯、β-月桂烯、β-水芹烯、3-蒈烯等。其中异戊二烯约占其挥发物总含量的 6%，α-水芹烯约占 9%、α-蒎烯约占 5%、β-月桂烯约占 6%、β-水芹烯约占 7%、3-蒈烯约占 36%。

国槐以排放异戊二烯为主，其挥发物还有 2-甲基丁烷、三氯甲烷、α-蒎烯、甲基庚烯酮、乙酸叶醇酯等。其中异戊二烯约占其挥发物总含量的 64%，2-甲基丁烷约占 2%、三氯甲烷约占 2%、α-蒎烯约占 0.1%、甲基庚烯酮约占 0.1%、乙酸叶醇酯约占 7%。

2.1.2 落叶乔木排放 BVOCs 组分日变化特征

1. 栓皮栎

（1）挥发性有机化合物成分数量不同季节日变化特征

阔叶树种栓皮栎排放的挥发性有机化合物主要分为烯烃、烷烃、炔烃、芳香烃、醇类、醛类、芳香烃类、酮类、酸类、酯类和铵盐 11 类物质。

春季栓皮栎挥发物日变化规律（图 2-4）表现为：在 13:00~14:00 各物质排放种类最多。烯烃、烷烃、芳香烃是排放种类较多的物质。烷烃是排放种类最多的物质，其中在 11:00~12:00 排放种类最多，达到 17 种；烯烃在 13:00~14:00 排放种类最多，达到 9 种。夏季栓皮栎挥发物释放的种类和数量呈现出单峰型分布，在 13:00~14:00 达到峰值（图 2-5）。烷烃和烯烃均在 13:00~14:00 达到最大值，分别为 17 种和 32 种。醇类物质则在 11:00~12:00 达到峰值 26 种。秋季烯烃在 13:00~14:00 排放种类达到最多，为 14 种；烷烃排放种类最多的时间段为 15:00~16:00，达到 21 种；酯类物质在 13:00~14:00 排放量达到峰值，有 19 种；醇类物质在 13:00~14:00 达到峰值，有 17 种（图 2-6）。栓皮栎是落叶阔叶树种，冬季树叶已全部凋零，挥发物释放基本可以忽略。其他物质由于植物自身合成和生理活动调节机制的不同则表现出一定的差异性。

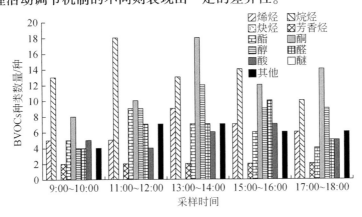

图 2-4 春季栓皮栎树种 BVOCs 种类数量日变化趋势

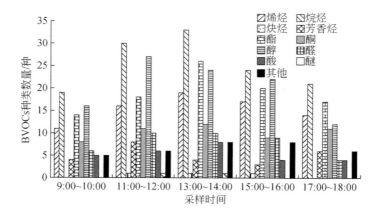

图 2-5 夏季栓皮栎树种 BVOCs 种类数量日变化趋势

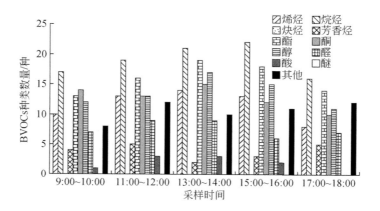

图 2-6 秋季栓皮栎树种 BVOCs 种类数量日变化趋势

（2）栓皮栎挥发性有机化合物成分数量季节变化特征

栓皮栎是北京地区常见的阔叶树种，从不同季节栓皮栎总挥发物数量占比来看，栓皮栎在夏季排放量最多，秋季和春季次之，冬季最小（图 2-7）。春季释放的总挥发物种类为 93 种，到了夏季挥发物总数增加到 153 种，秋季排放量总量为 119 种，而冬季挥发物排放量则很少。

从不同季节栓皮栎总挥发物种类变化来看，烯烃、烷烃、酯类和醇类物质种类主要表现为：夏季>秋季>春季；酮类释放种类表现为春季>秋季>夏季；醛类和酸类释放种类表现为春夏季>秋季（图 2-8）。其中，夏季烯烃、烷烃、酯类和醇类物质挥发物种类达到最大，分别为 19 种、33 种、27 种和 26 种。

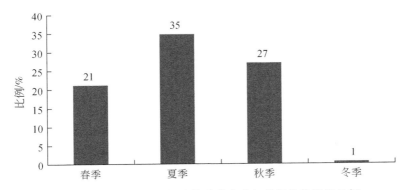

图 2-7　栓皮栎各季节挥发物种类占全年总挥发物种类比例

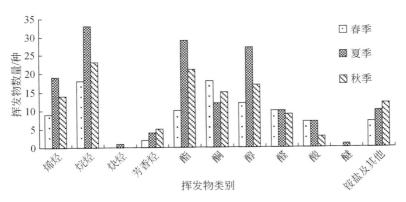

图 2-8　不同季节栓皮栎总挥发物种类的变化情况

2. 毛白杨

（1）毛白杨挥发性有机化合物成分数量不同季节日变化特征

毛白杨排放的挥发性有机化合物主要分为烯烃、烷烃、炔烃、芳香烃、醇类、醛类、芳香烃类、酮类、酸类、酯类和铵盐 11 类物质。

毛白杨挥发物排放表现出明显的单峰型日变化规律，在采样时间中 13:00～14:00 是挥发物排放量最多的时间段。春季毛白杨主要排放烯烃、烷烃、酯和醇等物质（图 2-9）。其中，烯烃排放种类最多（92 种），醇（83 种）次之。从一天变化中可以看出，各挥发物排放种类数量都是先升高后降低的趋势。夏季毛白杨 BVOCs 种类数量总数在 13:00～14:00 达到峰值，总体呈现先升高再降低的趋势；所释放挥发物种类较多的为烷烃、烯烃、醇类和酯类；其中烷烃种类在 13:00～14:00 达到峰值（14 种），总体呈现先降低再升高后下降的趋势；烯烃种类在 13:00～14:00 达到峰值（31 种），总体呈现先升高后缓慢降低的趋势，且烯烃的种类一直较多，均在 15 种以上；醇类种类数量在 13:00 ~ 14:00 达到峰值，为 34 种，总体呈现先升高后缓慢降低的趋势；酯类种类数量先升高后降低，在 13:00 ~ 14:00 达到峰值，为 20 种（图 2-10）。由此可见，13:00 ~ 14:00 是毛白杨树种挥发 BVOCs 种类数量最多的一段时期。秋季毛白杨的挥发物表现出一定数量的减少，主要的释放物质烯烃、烷烃、酯类和醇类基本呈现出先增长后减少的趋势，在 13:00 ~ 14:00 释放量最大（图 2-11）。冬季毛白杨叶片都已全部凋零，植物进入休眠期，挥发物种类数量骤减到很小，主要物质释放量也明显减少。

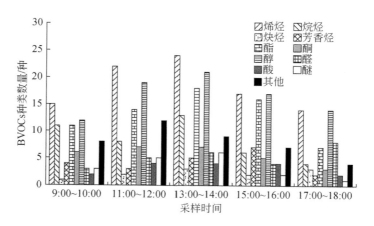

图 2-9　春季毛白杨树种 BVOCs 种类数量日变化趋势

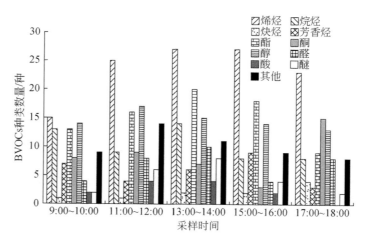

图 2-10　夏季毛白杨树种 BVOCs 种类数量日变化趋势

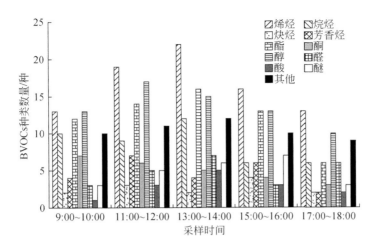

图 2-11　秋季毛白杨树种 BVOCs 种类数量日变化趋势

（2）毛白杨挥发性有机化合物成分数量季节变化特征

春季毛白杨释放的总挥发物种类为 88 种，夏季释放的总挥发物种类为 104 种，秋季总挥发物种类为 86 种，冬季总挥发物种类基本很少。从全年各季节挥发物释放种类占比来看，夏季是毛白杨释放挥发物种类最多的季节，春秋季次之，冬季最小（图 2-12）。

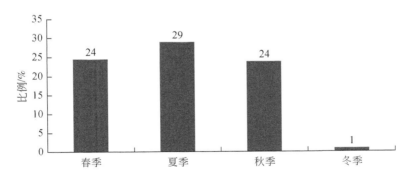

图 2-12　毛白杨各季节挥发物种类占全年总挥发物种类比例

毛白杨挥发物排放种类也表现出明显的季节变化特征（图 2-13），主要的排放物质烯烃、酯类、醛类排放种类表现为夏季>春季>秋季；烷烃、芳香烃排放种类数量为夏季>秋季>春季，且春季和秋季挥发物种类数量差不多；酸类和醇类释放种类季节表现特征一致，即春季>夏季>秋季。

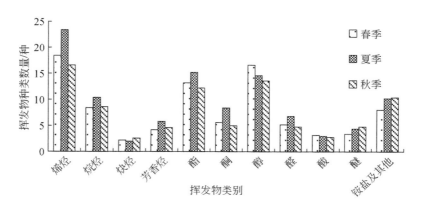

图 2-13　不同季节毛白杨挥发物排放种类的变化情况

3. 刺槐

（1）刺槐挥发性有机化合物成分数量不同季节日变化特征

刺槐排放的挥发性有机化合物主要分为烯烃、烷烃、炔烃、芳香烃、醇类、醛类、芳香烃类、酮类、酸类、酯类和铵盐及其他 11 类物质。春季刺槐挥发物日变化规律表现出在 13∶00～14∶00 各物质排放种类最多（图 2-14）。烯烃、烷烃、芳香烃是排放种类较多的物质。烷烃是排放种类最多的物质，其中在 11∶00～12∶00 排放种类最多，达到 17 种；烯烃在 13∶00～14∶00 排放种类最多，达到 9 种。夏季刺槐挥发物释放的种类数量呈现出单峰型分布，在 13∶00～14∶00 达到峰值（图 2-15）。烷烃在 11∶00～12∶00 达到最大值，有 19 种；烯烃在 13∶00～

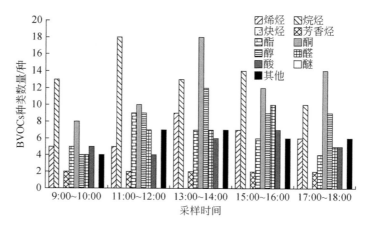

图 2-14　春季刺槐树种 BVOCs 种类数量日变化趋势

14:00 达到最大值，有 26 种。醇类物质则在 13:00～14:00 达到峰值，有 19 种。秋季烯烃在 13:00～14:00 排放种类最多，达到 25 种；酯类物质在 15:00～16:00 排放种类达到峰值，有 18 种；醇类物质在 13:00～14:00 排放种类达到峰值，有 19 种（图 2-16）。冬季刺槐和上述两种阔叶树种一样，叶片全部凋零，植物生理活动基本处于休眠状态，挥发物释放种类数量减少到很小。

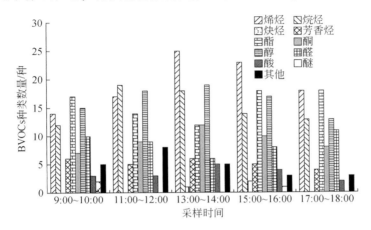

图 2-15　夏季刺槐树种 BVOCs 种类数量日变化趋势

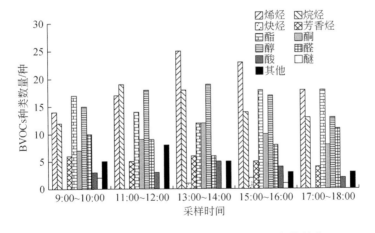

图 2-16　秋季刺槐树种 BVOCs 种类数量日变化趋势

（2）刺槐挥发性有机化合物成分数量季节变化特征

从不同季节刺槐挥发物种类数量来看，烯烃、烷烃和醇类是排放种类较多的物质（图 2-17）。春季挥发物种类数量能够达到 118 种；夏季随着气温升高等环境因素的变化挥发物种类数量达到峰值,有 170 种;秋季随着环境温度的下降,挥发物排放种类逐渐减少到 127 种;冬季随着温度下降等环境条件的限制,刺槐生理活动基本处于休眠,挥发物排放种类很少。

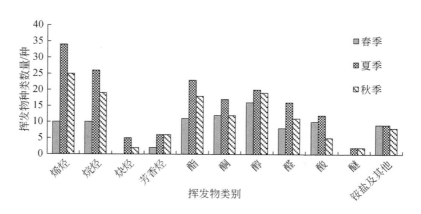

图 2-17 不同季节刺槐挥发物种类数量的变化

从刺槐总挥发物全年占比来看,挥发物种类数量季节占比大小依次为夏季>秋季>春季(图 2-18)。但从具体物质分析来看,一些物质与总挥发物变化规律有较大差别,如酸类物质季节变化规律为夏季>春季>秋季。出现上述差异的原因可能与这些物质在刺槐枝叶中储存、运输、合成的机理和途径不同有关。

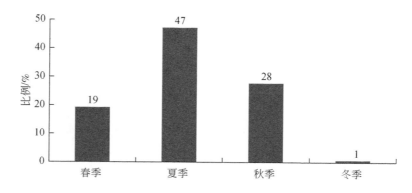

图 2-18 刺槐各季节挥发物种类占全年总挥发物种类比例

2.2 常绿乔木排放 BVOCs 组分及其日变化特征

2.2.1 常绿乔木排放 BVOCs 组分

1. 侧柏

侧柏以排放单萜烯为主，其挥发物有 α-水芹烯、α-蒎烯、3-蒈烯、β-蒎烯、β-月桂烯、D-柠檬烯、环己二烯等。其中 α-水芹烯约占 2%，α-蒎烯约占 41%，3-蒈烯约占 27%，β-蒎烯约占 2%，β-月桂烯约占 8%，D-柠檬烯约占 9%，环己二烯约占 3%。

2. 圆柏

圆柏以排放异戊二烯和单萜烯为主，其挥发物有异戊二烯、α-水芹烯、α-蒎烯、3-蒈烯、β-蒎烯、β-月桂烯、D-柠檬烯、莰烯、罗勒烯等。其中异戊二烯约占挥发物总量的 23%，α-水芹烯约占 4%，α-蒎烯约占 4%，3-蒈烯约占 18%，β-蒎烯约占 2%，β-月桂烯约占 12%，D-柠檬烯约占 9%，莰烯约占 1%，罗勒烯约占 0.1%。

3. 华山松

华山松以排放单萜烯为主，其挥发物有 α-蒎烯、莰烯、β-蒎烯、β-月桂烯、D-柠檬烯、石竹烯等。其中 α-蒎烯约占挥发物总量的 23%，莰烯约占 4%，β-蒎烯约占 2%，β-月桂烯约占 12%，D-柠檬烯约占 9%，石竹烯约占 1%。

4. 油松

油松以排放单萜烯为主，其挥发物有 α-水芹烯、α-蒎烯、莰烯、3-蒈烯、β-蒎烯、β-月桂烯、D-柠檬烯、桉油精、石竹烯、异戊二烯等（图 2-19）。其中 α-水芹烯约占 1.02%，α-蒎烯约占 11.17%，莰烯约占 1.02%，3-蒈烯约占 0.3%，β-蒎烯约占 1.01%，β-月桂烯约占 39.56%，D-柠檬烯约占 32.52%，桉油精约占 3.04%，石竹烯约占 0.1%，异戊二烯约占 5.08%。

2.2.2 常绿乔木排放 BVOCs 组分日变化特征

1. 油松

（1）油松挥发性有机化合物成分数量日变化特征

经过自动热脱附气质联用仪对样品的分析，检测到油松树种排放的挥发性有

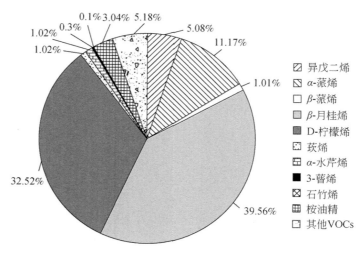

图 2-19　油松各挥发物成分占比

机化合物主要分为烯烃、烷烃、炔烃、芳香烃、醇类、醛类、芳香烃类、酮类、酸类、酯类和铵盐 11 类物质。

　　由图 2-20 可知，春季油松树种 BVOCs 种类数量总数在 11:00 ~ 12:00 达到峰值，总体呈现先升高后降低的趋势，不同类型化合物表现出在 11:00 ~ 16:00 出现种类最多的时刻，所释放挥发物种类较多的为烯烃、醇类、酮类和酯类；油松排放的烯烃种类在 15:00 ~ 16:00 达到峰值，为 34 种，总体呈现先降低再升高再降低的趋势，且烯烃种类较多，均在 15 种以上；烷烃种类在 15:00 ~ 16:00 达到峰值（17 种），总体呈现先升高再降低再升高再降低的趋势；醇类种类在 13:00 ~ 14:00 达到峰值（9 种），总体呈现先升高再降低的趋势；酯类种类在 13:00 ~ 14:00 达到峰值（7 种），总体呈现先升高后降低的趋势；酮类种类在 15:00 ~ 16:00 达到峰值（14 种），总体呈现先升高再降低的趋势。由此可见，15:00 ~ 16:00 是春季油松树种挥发 BVOCs 种类数量最多的一段时期。春季温度相对较低，光照强度相对较弱，油松自身次生代谢反应较慢，挥发物排放种类数量相对较少。

　　由图 2-21 可知，夏季油松排放挥发物种类数量最多的时间段为 13:00 ~ 14:00，总体呈现出先升高后降低的趋势。各个时段均排放不同类型的挥发物，释放较多的种类为烯烃、烷烃、醇类、酯类和醛类。油松排放的烯烃种类在 13:00 ~ 14:00 达到峰值（42 种），总体呈现先升高再降低再升高的趋势，且烯烃种类较多，均在 30 种以上；醇类种类在 15:00 ~ 16:00 达到峰值（20 种），总体呈现先升高后降低的趋势；酯类种类在 11:00~14:00 达到峰值（11 种），总体呈现先升高后降低的趋势；酮类种类在 13:00~14:00 达到峰值（15 种），总体呈现先升高再降低的趋势。由此可见，13:00~14:00 是春季油松树种挥发 BVOCs 种类数量最多的一段时期。夏季温度很高，光照强烈，植物相关合成酶活性加强，合成挥发性有机化合物最多。

由图 2-22 可以看出，秋季油松排放挥发物种类数量最多的时间段为 13:00~14:00，总体呈现出先升高后降低的趋势。主要排放的物质有烯烃、烷烃、酮类和醇类等物质。油松排放的烯烃种类在 13:00~14:00 达到峰值（36 种），总体呈现先升高再降低的趋势；烷烃类物质在 11:00~12:00 排放种类最多，达到 27 种；醇类和酮类物质在 11:00~16:00 排放种类较多，均值在 15 种左右；酯类种类在 15:00~16:00 达到峰值（7 种），总体呈现先升高再降低的趋势。由此可见，13:00~14:00 是秋季季油松树种挥发 BVOCs 种类数量最多的一段时期。秋季叶片逐渐凋零，温度逐渐下降，太阳辐射逐渐减弱，植物挥发物排放逐渐减少。

由图 2-23 可知，冬季油松排放挥发物种类数量最多的时段为 13:00~14:00，主要排放的物质为烯烃、烷烃、醇类、酸类和铵盐类等物质。其中烯烃排放种类最多的时间段为 13:00~14:00；烷烃种类排放最多的时段为 9:00~10:00；醇类排放种类最多的时间段为 13:00~14:00；酸类排放种类最多的时间段为 11:00~12:00。冬季气温全年最低，太阳辐射也不强烈，这时候植物自身酶活性很弱，产生挥发物的次生代谢反应活性很低，导致产生的挥发性有机化合物种类数量全年最低。

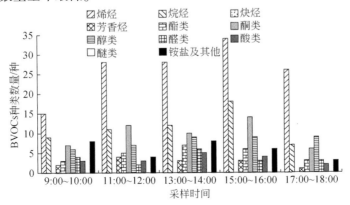

图 2-20　春季油松树种 BVOCs 种类数量日变化趋势

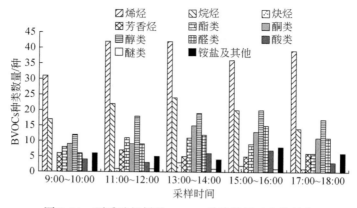

图 2-21　夏季油松树种 BVOCs 种类数量日变化趋势

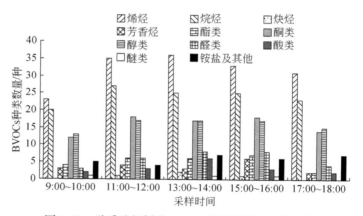

图 2-22　秋季油松树种 BVOCs 种类数量日变化趋势

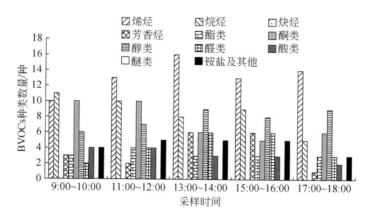

图 2-23　冬季油松树种 BVOCs 种类数量日变化趋势

总体来看，油松挥发物的排放种类表现出明显的日变化规律，烯烃类物质日变化呈现出明显的单峰型变化规律，即随着一天中温度的升高，光照辐射的加强，挥发物的释放量也随之增大。由于不同物质的产生和排放机制的不同，导致不同物质的排放规律也有所差别。

（2）油松挥发性有机化合物成分数量季节变化特征

从不同季节油松释放的总挥发物种类数量和占比（图 2-24 和图 2-25）可以看出，油松释放的挥发物种类夏季最多，达到 208 种；秋季次之，为 157 种；春季和冬季较少，分别为 135 种和 117 种。这是因为夏季温度较全年最高，植物新陈代谢旺盛，次生代谢的产物即挥发性有机化合物释放种类数量最大。春季植物

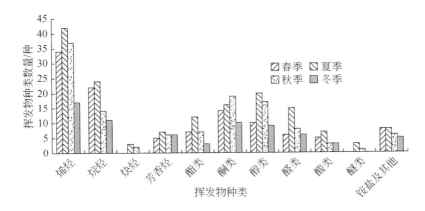

图 2-24　不同季节油松总挥发物种类数量的变化情况

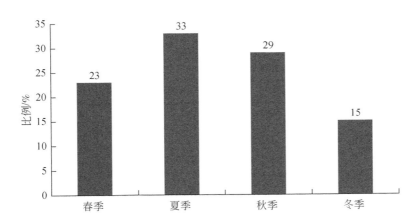

图 2-25　油松各季节挥发物种类占全年总挥发物种类比例

恢复生长，温度逐渐回升，但叶片都是幼叶，释放种类数量相对较小。秋季植物叶片由成熟期逐渐进入老叶期，大气温度逐渐下降，植物新陈代谢逐渐变慢，次生代谢的产物数量都逐渐减少。冬季气温全年最低，油松虽是常绿树种，但外界大气温度和光照达到最低，导致其挥发性有机化合物释放种类数量降到最低。

烯烃和烷烃是油松排放种类数量最多的物质。烯烃挥发物种类为夏季>秋季>春季>冬季，春季烯烃挥发物种类为 26 种，夏季为 42 种，秋季为 37 种，冬季为 13 种。烷烃挥发物种类为夏季>春季>秋季>冬季，其中春季烯烃挥发物种类为 22 种，夏季为 24 种，秋季为 14 种，冬季为 9 种。

2. 侧柏

（1）侧柏挥发性有机化合物成分数量不同季节日变化特征

侧柏树种排放的挥发性有机化合物主要分为烯烃、烷烃、炔烃、芳香烃、醇类、醛类、芳香烃类、酮类、酸类、酯类和铵盐 11 类物质。

由图 2-26 可以看出，春季侧柏排放挥发性有机化合物最多的时间段为 13:00~14:00，日变化呈单峰型。排放的主要物质为烷烃、烯烃、酮类和醇类等物质。其中，烷烃类物质排放种类最多的时间段为 11:00~12:00，峰值为 34 种；烯烃类物质排放种类最多的时间段为 13:00~14:00，峰值为 26 种；酮类物质排放种类最多的时间段为 9:00~10:00，峰值为 11 种；醇类物质在 15:00~16:00 排放种类达到峰值，为 17 种。春季温度和光合辐射都较低，侧柏处于生长阶段，挥发物排放种类数量逐渐增多。

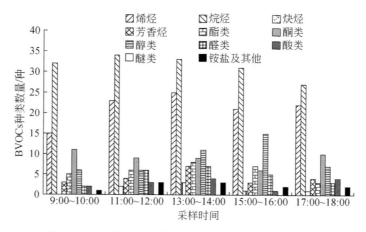

图 2-26　春季侧柏树种 BVOCs 种类数量日变化趋势

由图 2-27 可以看出，夏季侧柏排放挥发性有机化合物种类最多的时段为

13:00~14:00，基本呈单峰型。排放的主要物质为烯烃、烷烃、酮类、酯类和醇类等物质。其中，烯烃类物质在 13:00~16:00 排放的种类数量达到峰值，为 33种；烷烃类物质在 11:00~12:00 种类数量达到峰值，为 28 种；酮类物质在 13:00~14:00 释放种类最多，达到 14 种；醇类物质在 13:00~14:00 释放种类最多，达到 27 种。

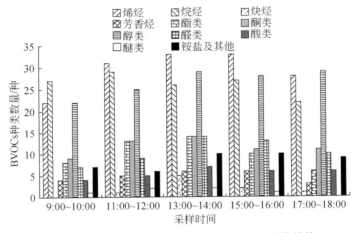

图 2-27　夏季侧柏树种 BVOCs 种类数量日变化趋势

由图 2-28 可以看出，秋季侧柏释放量最多的时间段为 13:00~14:00，排放的主要物质为烯烃、烷烃、醇类、酯类、酮类和醛类物质，基本呈单峰型。其中，烯烃在 11:00~12:00 释放种类最多，达到 28 种；烷烃在 13:00~14:00 排放种类达到一天内的最大值 26 种；醇类物质在 15:00~16:00 排放种类最多，达到 8 种。

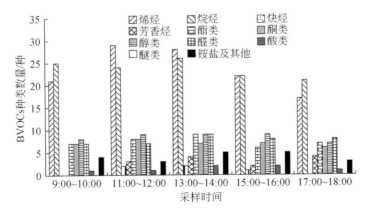

图 2-28　秋季侧柏树种 BVOCs 种类数量日变化趋势

由图 2-29 可以看出，冬季侧柏释放量最多的时间段为 13:00~14:00，释放的物质主要为烯烃、烷烃和芳香烃等。其中，烯烃类物质是释放种类最多的物质，并在 13:00~14:00 内释放种类最多，达到 23 种；烷烃类物质则是释放种类仅次于烯烃类第二多的物质，在 9:00~10:00 排放种类最多，达到 12 种；芳香烃类物质在 9:00~10:00 和 13:00~14:00 排放种类达到峰值，都为 7 种，日变化呈现双峰型分布。

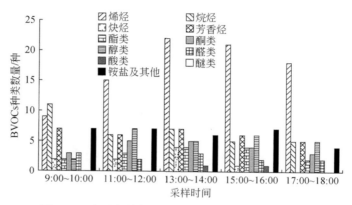

图 2-29　冬季侧柏树种 BVOCs 种类数量日变化趋势

总体来看，侧柏挥发物排放日变化呈单峰型变化，主要为烯烃、烷烃、醇、酮、酯和酸类等物质，其中烯烃是释放最多的种类。侧柏挥发物种类数量随着日温度的升高和光照强度的增大而增多。

（2）侧柏挥发性有机化合物成分数量季节变化特征

从不同季节侧柏总挥发物种类变化来看，烯烃、烷烃和醇类是排放种类较多的物质（图 2-30）。春季挥发物总种类数量能够达到 123 种；夏季受气温升高等

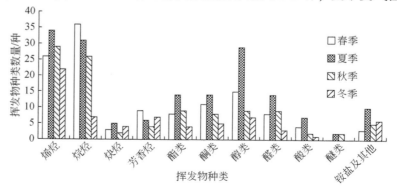

图 2-30　不同季节侧柏总挥发物种类的变化

环境因素的变化影响总种类数量达到峰值（166 种）；秋季随着环境温度的下降，侧柏叶片逐渐枯萎凋落，挥发物排放种类逐渐减少到 105 种；冬季随着温度下降，侧柏基本处于休眠状态，新陈代谢减慢，挥发物排放种类只有 66 种。

从侧柏总挥发物种类数量全年占比来看，挥发物种类数量季节占比大小依次为夏季>春季>秋季>冬季（图 2-31）。但从具体物质分析来看，一些物质与总挥发物变化规律有较大差别，如烷烃季节变化规律为春季>夏季>秋季>冬季，芳香烃季节变化规律为春季>冬季>夏季>秋季。出现上述差异的原因可能与不同物质在侧柏枝叶中储存、运输、合成的机理和途径不同有关。

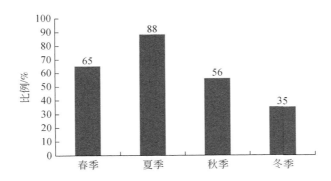

图 2-31　侧柏各季节挥发物种类占全年总挥发物种类比例

从挥发物种类来看，侧柏主要排放烯烃、烷烃和醇类物质。侧柏释放的烯烃物质种类夏季>秋季>春季>冬季，烯烃释放种类四季均在 20 种以上；烷烃为春季>夏季>秋季>冬季，烷烃变化差异较大，春季释放量最多（达到 37 种），冬季则减至 7 种；醇类为夏季>春季>秋季>冬季，醇类物质种类数均在 5 种以上，其中夏季最高，达到 28 种。

2.3　本章小结

本章主要研究了北京地区五种典型的森林树种挥发性有机化合物成分特征，并定量分析了不同树种释放挥发物种类数量的日、季节时间变化特征。结果如下。

1）五种典型森林树种挥发物种类不同季节具有一定差异性，从总挥发物种类数量上来看，春季油松、侧柏、栓皮栎、毛白杨和刺槐共鉴定出挥发物分别为 135 种、123 种、93 种、88 种和 118 种，夏季分别为 208 种、166 种、153 种、

104 种和 170 种，秋季分别为 157 种、105 种、119 种、86 种和 127 种，冬季只有油松和侧柏分别为 117 种和 66 种。

2）不同树种挥发物种类数量表现出一定的季节性差异，具体表现为油松、侧柏、毛白杨释放的烯烃挥发物种类数量夏季最高，春季和秋季次之，冬季最低；刺槐和栓皮栎烯烃的释放种类数量都是夏季最高，秋季次之，春季最低。油松、侧柏释放的烷烃表现为夏季>春季>秋季>冬季，栓皮栎、毛白杨和刺槐释放的烷烃表现为夏季>秋季>春季。栓皮栎、毛白杨和刺槐释放的醇类和酯类物质均表现为夏季>秋季>春季。

3）从日变化规律来看，油松释放的烯烃和烷烃种类数量在春、夏、秋、冬四季在 13:00～14:00 和 15:00～16:00 均能出现最大值，并呈现出单峰型变化趋势，即先增大后逐渐减少；侧柏释放的烯烃和烷烃四季基本均在 13:00～14:00 达到峰值，与油松类似也呈现出先增大后减少的单峰型变化；春、夏、秋三季栓皮栎释放的烯烃和烷烃种类数量在 11:00～12:00、13:00～14:00 达到峰值，春、夏、秋三季醇类排放种类均在 13:00～14:00 达到最大值；春、夏、秋毛白杨释放的烷烃、酯类和醇类种类数量基本呈现出先增长后减少的趋势，并在 13:00～14:00 达到峰值；春、夏、秋季刺槐释放的烯烃在 13:00～14:00 达到最大值，春、夏刺槐释放的烷烃在 11:00～12:00 排放种类最多，而秋季烷烃排放种类最多的时间段为 15:00～16:00，春、夏醇类排放种类分别在 13:00～14:00 达到峰值，而秋季醇类排放种类在 15:00～16:00 达到最大值。

4）总的来看，针叶树种（油松、侧柏）和阔叶树种（栓皮栎、毛白杨和刺槐）释放萜烯类化合物较多。

3 | 森林植被排放挥发性有机化合物相对含量变化

植物的生理生化过程受到光照、温度等因素的影响，继而植物体内生成的挥发性有机化合物的种类也随之发生变化，具有明显的日变化规律和季节变化规律。对 BVOCs 排放组分排放强度的时间变化规律的研究将有助于进一步提高BVOCs 排放清单的分辨率和准确性。

3.1 油松挥发物相对含量时间变化规律

油松是北京地区常见的常绿针叶树种，释放的挥发物相对含量的变化受到自身生理调控和环境因素变化的影响。春季（表3-1）采样在4月进行，此时大气温度逐渐回升，大气温度均值为15℃左右，油松开始进行次生代谢活动，一些次生代谢产物即挥发性有机化合物随之产生，总挥发性有机化合物（TBVOCs）日均相对含量逐渐增大。夏季（表3-2）采样在7月、8月进行，大气温度为32℃左右，光合辐射强烈，油松处于生长旺盛的阶段，叶片蒸发强烈，叶片内饱和蒸汽压高于大气外部气压，从而迫使植物释放大量的挥发性有机化合物。秋季（表3-3）9月、10月大气温度逐渐下降，日均温度在20℃左右，虽然油松属于常绿树种，但光照、温度等环境因素的改变也会导致其生理生态活动受一定的影响，释放的挥发性有机化合物相对含量有所减少。冬季（表3-4）日均大气温度为-5℃左右，虽然油松是常绿树种，但植物自身在冬季除了呼吸作用外的新陈代谢活动都很缓慢，基本处于休眠状态，产生的挥发性有机化合物种类和数量很少，相对含量也很低。

表3-1　春季油松挥发物相对含量日变化　　　　（单位:%）

挥发物	采样时间				
	9:00~10:00	11:00~12:00	13:00~14:00	15:00~16:00	17:00~18:00
烯烃	72.217±3.621	84.579±10.211	96.305±12.763	78.708±7.812	74.912±5.043
烷烃	2.195±0.351	4.524±1.315	6.838±2.142	3.152±1.093	2.175±0.333

续表

挥发物	采样时间				
	9:00~10:00	11:00~12:00	13:00~14:00	15:00~16:00	17:00~18:00
芳香烃	0.847±0.101	0.983±0.214	0.785±0.342	0.682±0.289	0.231±0.003
酯类	2.184±0.645	3.209±1.091	3.890±0.549	3.838±1.253	3.170±0.863
酮类	1.603±0.356	1.970±0.471	1.445±0.201	2.281±0.373	2.510±0.166
醇类	1.477±0.124	1.664±0.532	1.950±0.243	2.124±0.830	1.031±0.471
醛类	0.973±0.353	1.103±0.472	1.865±0.763	1.002±0.003	0.846±0.324
酸类	0.212±0.058	0.242±0.084	0.311±0.021	0.289±0.038	0.414±0.076
铵盐及其他	0.840±0.332	0.624±0.243	1.024±0.894	0.975±0.645	0.678±0.338

表 3-2 夏季油松挥发物相对含量日变化　　　　　（单位：%）

挥发物	采样时间				
	9:00~10:00	11:00~12:00	13:00~14:00	15:00~16:00	17:00~18:00
烯烃	64.279±11.302	49.913±5.491	33.743±6.482	47.386±8.133	46.271±7.393
烷烃	8.697±2.124	24.194±4.738	19.320±3.637	12.949±3.263	7.139±2.284
炔烃	0.000	0.321±0.031	1.124±0.574	0.458±0.124	0.136±0.031
芳香烃	1.375±0.023	1.692±0.074	1.543±0.436	1.987±0.653	1.783±0.621
酯类	9.172±2.536	16.223±4.637	15.631±5.673	10.567±3.672	11.326±3.818
酮类	1.802±0.373	1.405±0.173	2.062±0.373	1.896±0.083	1.621±0.562
醇类	7.968±2.536	16.798±3.728	15.104±3.784	15.805±3.088	10.394±1.637
醛类	4.517±0.763	6.611±1.174	7.559±2.773	7.105±1.623	5.957±1.550
酸类	0.731±0.138	0.526±0.274	0.892±0.256	0.675±0.632	0.321±0.083
醚类	0.000	0.123±0.0553	0.105±0.037	0.153±0.452	0.124±0.022
铵盐及其他	1.274±0.012	1.086±0.017	0.965±0.063	0.978±0.171	0.789±0.027

表 3-3 秋季油松挥发物相对含量日变化　　　　　（单位：%）

挥发物	采样时间				
	9:00~10:00	11:00~12:00	13:00~14:00	15:00~16:00	17:00~18:00
烯烃	73.785±11.452	76.118±10.163	52.218±9.632	75.511±8.536	71.993±7.503
烷烃	2.987±0.763	7.841±2.563	7.689±1.798	6.352±0.676	5.843±1.673
炔烃	0.000	1.366±0.0264	2.096±0.077	1.239±0.033	0.000
芳香烃	0.876±0.156	1.921±0.333	1.273±0.472	1.855±0.014	1.102±0.345
酯类	2.064±0.248	3.088±0.311	3.313±0.283	3.629±0.462	0.875±0.032
酮类	1.721±0.213	1.797±0.321	2.238±0.183	1.825±0.264	1.546±0.552
醇类	2.178±0.452	3.820±0.351	3.180±0.453	2.721±0.144	1.955±0.136

续表

挥发物	采样时间				
	9:00~10:00	11:00~12:00	13:00~14:00	15:00~16:00	17:00~18:00
醛类	1.761±0.253	2.804±0.073	2.941±0.134	2.798±0.234	1.548±0.214
酸类	0.432±0.134	1.635±0.322	1.426±0.103	1.714±0.343	0.356±0.024
醚类	0.452±0.132	0.000	0.235±0.024	0.135±0.074	0.000
铵盐及其他	0.895±0.066	1.693±0.263	1.471±0.142	1.491±0.231	1.201±0.077

表 3-4　冬季油松挥发物相对含量日变化　　　　（单位:%）

挥发物	采样时间				
	9:00~10:00	11:00~12:00	13:00~14:00	15:00~16:00	17:00~18:00
烯烃	84.789±6.245	88.367±7.264	80.856±8.083	79.174±5.422	73.212±3.552
烷烃	0.389±0.077	0.796±0.134	0.889±0.112	0.659±0.214	0.445±0.033
炔烃	0.273±0.035	0.653±0.044	0.424±0.124	0.373±0.008	0.265±0.055
芳香烃	0.867±0.242	0.532±0.143	0.958±0.342	1.070±0.453	0.541±0.133
酯类	0.935±0.234	1.831±0.543	1.141±0.134	0.828±0.221	0.342±0.332
酮类	1.404±0.138	1.634±0.093	0.771±0.253	0.554±0.116	0.854±0.264
醇类	0.987±0.153	1.231±0.046	1.421±0.143	1.023±0.034	1.478±0.076
醛类	0.672±0.026	0.885±0.264	0.986±0.332	0.845±0.241	0.423±0.364
酸类	0.210±0.083	0.325±0.021	0.336±0.057	0.268±0.022	0.203±0.053
铵盐及其他	0.679±0.143	0.874±0.253	0.743±0.187	0.895±0.364	0.982±0.245

　　春季油松主要释放烯烃、烷烃和酯类物质。烯烃相对含量占总挥发物比例最高，日均值为80.744%，受到自身酶促反应等生理活动和环境要素变化的影响，油松释放的烯烃相对含量不同季节表现出一定的差异性，总体表现为春季>秋季>冬季>夏季，出现上述现象的原因是虽然夏季和秋季大气温度较高，但此时油松生长旺盛，释放的TBVOCs含有多种物质，烯烃的相对含量就会相应减少，这也从侧面说明了油松排放的主要挥发物是烯烃。日变化规律上，春季烯烃在13:00~14:00出现峰值，达到96.305%，呈现出先升高后降低的趋势；夏季烯烃在9:00~10:00出现峰值，达到64.279%，呈现出先降低后升高再降低的趋势；秋季烯烃在11:00~12:00出现峰值，达到76.118%，呈现出先升高再降低又升高再降低的趋势；冬季烯烃在11:00~12:00出现峰值，达到88.367%，呈现出先升高后降低的趋势。陈颖等（2009）研究发现，沈阳地区典型的绿化树种在春季和冬季释放挥发物的日变化规律与本研究有相似之处，挥发物相对含量的

最大值均出现在 11:00～14:00。本研究春季 9:00～10:00 油松释放烯烃的相对含量低于 17:00～18:00，导致这种现象的原因可能是北半球春分过后，日照时间增加，温度回升较快，太阳辐射导致地面长波辐射积累了较多的能量，这些导致傍晚温度高于早晨，故油松在傍晚时段释放的挥发性有机化合物相对含量高于早晨时段。冬季自 12 月底过后，气温有所回升，日照时间逐渐加长，早晨接收到的太阳辐射要强于傍晚，从而使早晨的温度要高于傍晚，加之地面储存的热量在早晨释放的影响，林内温度逐步回升，这些因素导致油松在冬季早晨 9:00～10:00 释放的烯烃相对含量高于傍晚 17:00～18:00。夏季和秋季油松释放烯烃的相对含量峰值出现在 9:00～12:00 和 15:00～16:00 两个时间段，而 13:00～14:00 时间段内相对含量最低，这是由于 9:00～12:00 时正处于温度较高、植物光合作用最旺盛的时候，因此释放挥发物较多，而正午及午后时，光合辐射最强烈，温度也达到一天中最高值，这时候植物叶片为防止叶面蒸发速率过高而损伤细胞会将气孔关闭，即为植物"午休"现象，此时挥发物排放量减少，相对含量迅速下降，达到谷值。过后，植物慢慢恢复生理活动，气孔逐渐张开，植物细胞经过一段时间的"恢复"，细胞内积累了大量的次生代谢产物，这些物质使细胞内部渗透压逐渐增大，直到超过外界大气压力，植物通过一些储存器官（树脂道等）经气孔大量释放到大气中，导致挥发物释放量增加。上述结论虽然与胡永建等（2007）对于马尾松和湿地松挥发物日变化规律的研究有一定的出入，但这可能与两种研究所研究的物质、所处的地理环境和监测方法的差异有一定的关系。

烷烃相对含量占总挥发物在 2% 左右，从全年来看占比为夏季>秋季>春季>冬季。从表 3-1～表 3-4 中可以看出，烷烃相对含量日变化表现出一定的规律性，春季和冬季均在 13:00～14:00 达到峰值，分别为 6.838% 和 0.889%，呈现单一峰值的单峰型变化趋势。烷烃的相对含量在夏季和秋季均在 11:00～12:00 达到峰值，分别为 24.194% 和 7.841%。总体来看，烷烃相对含量四季日变化规律总体表现较为一致，与烯烃有较大的差别，这与两者在油松分子细胞内合成的途径、相关酶活性的差别以及对外界环境变化的产生机制有关。

3.2　侧柏挥发物相对含量时间变化规律

侧柏是华北土石山区常见的常绿树种，其挥发物相对含量的变化与油松有一定的差异，造成这种差异的原因可能与两者物种属性不同有关。由于采样时周围环境和植物自身生理特征的变化，侧柏挥发物相对含量日均值变化为夏季>春季>

秋季>冬季。四季挥发物相对含量均呈现出先升高后降低的趋势，春季、夏季和冬季总挥发物相对含量峰值出现在11:00~12:00，秋季总挥发物浓度相对含量在13:00~14:00达到峰值。

侧柏与油松类似，释放的主要挥发物为烯烃、烷烃和醇类物质（表3-5~表3-8）。其中，烯烃是相对含量最高的物质，春季日均相对含量为52.688%，夏季日均相对含量为64.219%，秋季日均相对含量为65.395%，冬季日均相对含量为56.277%，可以看出侧柏释放的烯烃春、夏、秋、冬四季相对含量均在50%以上，这与杨伟伟等（2010）在北京地区开展的实验研究结果基本一致。日变化规律上，春季和夏季烯烃相对含量的最大值均出现在11:00~12:00，分别为57.224%和66.973%；秋季和冬季烯烃相对含量分别在11:00~12:00和15:00~16:00达到峰值，分别为69.905%和76.170%。春季和夏季在11:00~12:00时的烯烃相对含量达到峰值，这说明植物出现了与油松相似的"午休"现象，但没有出现双峰双谷的变化趋势，可能是因为侧柏自身在经过正午温度和光照辐强烈刺激下，植物体内虽然进行了气孔关闭等措施来保护自身生理活动，但是植物细胞内合成烯烃的酶活性也受到了抑制，导致随后的时间段气孔虽然逐渐开张，但是挥发物浓度没有储存很多，故其相对含量没有达到很高。侧柏释放的烯烃物质相对含量日均值在冬季要低于夏季，这说明冬季侧柏主要释放烯烃类物质，而夏季虽然侧柏生理活动旺盛但释放了大量的其他物质导致烯烃类物质相对含量的减少，这与油松结果基本一致，这反映出排放单萜烯的植物主要是针叶树种，如油松，但少数阔叶植物排放单萜烯的速率也比较高。相似的结论在李美娟等（2007）的研究中也有发现。

侧柏释放的烷烃相对含量仅次于烯烃，其日均相对含量在春季为13.363%，夏季为12.560%，秋季为8.931%，冬季为11.024%。春、夏、秋、冬四季日变化规律均为单一的先增高后降低的单峰型变化。春季烷烃在9:00~10:00的相对含量要低于17:00~18:00时的，这说明早晚温度差别较大，导致烷烃相对含量也发生变化。夏季烷烃相对含量在13:00~14:00达到峰值（为13.357%），在傍晚17:00~18:00的相对含量达到最小值（为11.776%）。秋季烷烃相对含量在15:00~16:00达到峰值（11.673%），在11:00~12:00达到最小值（为5.732%）。冬季相对含量在11:00~12:00达到峰值（为12.790%），在17:00~18:00达到最小值（8.670%），但13:00~14:00、15:00~16:00、17:00~18:00经过单因素方差分析（方差分析数据未列出）可以看出，这三个时段烷烃的相对含量差异并不显著（$p > 0.05$），这说明侧柏释放烷烃对大气温度的变化没有比光合辐射变化的响应敏感。

表3-5 春季侧柏挥发物相对含量日变化 （单位:%）

挥发物	采样时间				
	9:00~10:00	11:00~12:00	13:00~14:00	15:00~16:00	17:00~18:00
烯烃	51.309±8.374	57.224±7.475	53.757±6.774	50.517±5.974	50.635±5.242
烷烃	6.837±1.083	8.408±1.132	20.020±3.241	19.264±2.794	12.284±1.073
芳香烃	1.136±0.012	1.286±0.083	0.939±0.323	0.783±0.251	0.734±0.134
酯类	4.456±0.985	3.885±0.244	2.074±0.241	3.817±0.123	5.537±0.928
酮类	11.531±3.343	8.307±2.542	4.246±1.073	4.344±1.142	7.440±2.034
醇类	7.474±2.223	4.632±1.451	3.681±0.332	2.940±0.243	5.685±1.343
醛类	6.488±1.247	4.424±1.354	5.705±1.573	7.076±2.454	6.154±1.972
酸类	4.757±1.764	5.729±1.077	4.731±1.670	3.846±0.689	3.798±0.463
铵盐及其他	3.758±1.456	2.713±0.0734	2.792±0.353	4.627±0.463	4.399±0.574

表3-6 夏季侧柏挥发物相对含量日变化 （单位:%）

挥发物	采样时间				
	9:00~10:00	11:00~12:00	13:00~14:00	15:00~16:00	17:00~18:00
烯烃	65.482±9.313	66.973±9.501	60.839±7.243	65.721±8.175	62.081±6.983
烷烃	11.905±3.761	13.049±3.874	13.357±3.526	12.711±2.509	11.776±1.943
炔烃	2.173±0.059	2.450±0.143	3.726±0.464	3.499±0.334	4.399±0.543
芳香烃	1.620±0.027	1.152±0.074	1.674±0.382	1.571±0.261	1.466±0.426
酯类	1.401±0.043	0.917±0.038	1.692±0.069	1.905±0.235	2.342±0.481
酮类	7.438±1.309	6.912±1.243	6.853±1.432	4.630±0.534	6.198±2.064
醇类	6.730±1.433	5.277±1.264	6.175±1.375	5.511±2.454	6.332±1.633
醛类	3.207±0.764	1.861±0.034	3.751±0.754	2.999±0.325	4.218±0.646
酸类	1.261±0.533	0.823±0.064	1.143±0.053	0.821±0.054	0.819±0.234
醚类	0.462±0.013	0.389±0.054	0.424±0.067	0.298±0.042	0.000
铵盐及其他	0.494±0.087	0.197±0.023	0.368±0.032	0.333±0.054	0.370±0.039

表3-7 秋季侧柏挥发物相对含量日变化 （单位:%）

挥发物	采样时间				
	9:00~10:00	11:00~12:00	13:00~14:00	15:00~16:00	17:00~18:00
烯烃	62.956±4.163	69.905±4.055	63.613±5.196	64.243±3.464	65.395±5.131
烷烃	10.318±1.041	5.732±0.932	8.767±1.214	11.673±1.605	8.165±0.310
炔烃	—	0.690±0.439	0.636±0.056	0.574±0.076	0.000

挥发物	采样时间				
	9:00～10:00	11:00～12:00	13:00～14:00	15:00～16:00	17:00～18:00
芳香烃	—	1.059±0.577	1.119±0.154	1.737±0.087	2.249±0.089
酯类	15.430±2.081	12.364±1.732	15.798±2.081	14.018±1.517	15.632±2.086
酮类	5.139±1.154	3.238±1.527	3.027±0.310	3.264±0.732	3.394±0.577
醇类	3.657±1.025	2.998±0.230	3.262±0.653	1.441±0.017	1.555±0.255
醛类	2.440±0.646	2.394±0.732	2.039±0.372	1.631±0.158	1.632±0.069
酸类	0.365±0.0532	1.100±0.012	1.008±0.039	0.635±0.032	0.598±0.085
醚类	0.000	0.000	0.000	0.000	0.000
铵盐及其他	0.935±0.036	0.520±0.071	0.731±0.037	0.783±0.043	0.524±0.707

表3-8　冬季侧柏挥发物相对含量日变化　　　　（单位:%）

挥发物	采样时间				
	9:00～10:00	11:00～12:00	13:00～14:00	15:00～16:00	17:00～18:00
烯烃	73.205±6.141	72.495±5.577	71.749±5.605	76.170±1.131	67.767±2.517
烷烃	10.806±1.154	12.790±1.527	10.286±2.517	9.566±1.347	8.670±1.032
炔烃	0.463±0.085	0.904±0.036	0.774±0.077	0.567±0.041	0.000
芳香烃	0.494±0.577	0.621±0.532	0.679±0.081	0.498±0.032	0.648±0.027
酯类	3.430±0.884	4.400±0.205	3.383±0.224	2.866±0.154	3.159±0.483
酮类	5.169±0.662	4.479±0.577	3.391±0.154	5.141±0.376	4.435±0.305
醇类	3.589±0.679	3.968±0.646	2.425±0.356	7.465±1.064	4.406±0.453
醛类	0.555±0.067	0.420±0.013	0.615±0.073	0.683±0.034	0.490±0.030
酸类	0.806±0.043	2.790±0.567	1.286±0.221	1.066±0.067	0.670±0.115
醚类	1.463±0.054	1.904±0.057	1.074±0.075	1.567±0.043	0.000
铵盐及其他	6.194±1.009	6.021±1.205	5.679±0.732	5.498±0.814	9.648±1.035

3.3　栓皮栎挥发物相对含量时间变化规律

　　栓皮栎是北京山区常见的落叶阔叶树种，也是一种喜光性的树种。从四季来看，总挥发物相对含量变化为夏季>春季>秋季。出现这种现象的原因是夏季温度和光合辐射都达到最大，栓皮栎生理活动最旺盛，导致挥发物浓度达到全年最大值。栓皮栎是阔叶树种，挥发物释放的重要器官——叶片要经过幼叶期、展叶期、成熟期和老叶期四个过程，秋季栓皮栎叶片开始凋落，各项生理活动均趋向于下降，而春季叶片则逐渐在生长，加之温度等环境条件的刺激，植物加速排放挥发物来维持自身生长的需要，所以春季的挥发物浓度要高于秋季的。

栓皮栎释放的主要物质有烯烃、烷烃、芳香烃、醇类和酯类物质（表 3-9 ~ 表 3-11）。春季烯烃日均相对含量为 13.414%，在 13:00 ~ 14:00 时的相对含量达到最大值（15.807%），日变化呈现单峰型变化趋势。夏季烯烃日均相对含量为 36.062%，在 11:00 ~ 12:00 和 15:00 ~ 16:00 达到两个峰值，分别为 39.666% 和 38.290%，之所以呈现出一个双峰型日变化规律，是因为正午时间段栓皮栎处于气孔关闭的"午休"阶段，导致烯烃等挥发物暂时储存在叶片内部细胞结构中。

烷烃是栓皮栎释放相对含量较多的物质，春季其日均相对含量为 21.060%，相对含量在 11:00 ~ 12:00 达到峰值（22.898%），总体为先升高后又下降的日变化规律；夏季烷烃日均相对含量为 14.243%，相对含量在 9:00 ~ 10:00 达到峰值（15.948%），总体表现为先降低后升高的日变化规律；秋季烷烃日均相对含量为 12.844%，相对含量在 9:00 ~ 10:00 达到峰值（14.579%），日变化规律与夏季一致。

栓皮栎释放的芳香烃，春季其日均相对含量为 8.113%，相对含量在 9:00 ~ 10:00 达到峰值（10.350%），总体为先降低后升高再降低再升高的日变化规律；夏季芳香烃日均相对含量为 7.378%，相对含量在 9:00 ~ 10:00 达到峰值（8.845%），总体表现为先降低后升高的日变化规律；秋季芳香烃日均相对含量为 3.559%，日变化相对含量在 17:00 ~ 18:00 达到峰值（4.974%），日变化规律为先升高后下降再升高。春季、夏季和秋季芳香烃相对含量在 17:00 ~ 18:00 时间段有较明显的上升，这说明该天然源物质的排放受到人为活动的影响。

表 3-9　春季栓皮栎挥发物相对含量日变化　　　　　（单位:%）

挥发物	采样时间				
	9:00 ~ 10:00	11:00 ~ 12:00	13:00 ~ 14:00	15:00 ~ 16:00	17:00 ~ 18:00
烯烃	12.446±2.086	13.456±2.154	15.807±0.887	12.866±2.081	12.496±1.732
烷烃	21.371±4.234	22.898±4.381	20.271±3.214	18.852±2.163	21.908±3.605
炔烃	—	—	—	—	—
芳香烃	10.350±1.044	6.800±0.631	7.176±0.742	7.065±0.611	9.173±1.043
酯类	11.426±1.073	10.645±1.032	11.045±1.310	14.081±1.646	9.551±1.008
酮类	10.094±1.154	11.235±1.577	10.611±1.041	11.741±1.064	12.733±1.621

挥发物	采样时间				
	9:00~10:00	11:00~12:00	13:00~14:00	15:00~16:00	17:00~18:00
醇类	10.403±1.527	13.609±1.214	13.050±1.163	12.669±1.732	11.247±1.154
醛类	8.212±0.792	9.307±0.732	6.434±0.498	8.657%±0.681	7.946±0.523
酸类	8.384±0.527	6.128±0.486	5.984±0.476	6.355±0.597	8.014±0.581
醚类	—	—	—	—	—
铵盐及其他	7.315±0.483	5.922±0.365	9.622±0.882	7.713±0.542	6.933±0.707

表 3-10　夏季栓皮栎挥发物相对含量日变化　　　　　（单位:%）

挥发物	采样时间				
	9:00~10:00	11:00~12:00	13:00~14:00	15:00~16:00	17:00~18:00
烯烃	32.069±3.214	39.666±3.055	36.300±3.511	38.290±2.517	33.984±2.546
烷烃	15.948±1.527	12.771±1.221	13.051±1.932	13.826±1.605	15.615±1.215
炔烃	—	3.510±0.228	4.379±0.432	4.029±0.695	—
芳香烃	8.845±0.539	6.540±1.035	5.607±0.577	6.292±0.683	6.604±1.714
酯类	12.365±2.081	9.512±0.887	12.216±1.517	11.092±1.186	11.985±1.646
酮类	8.911±0.984	7.486±0.357	9.394±0.793	7.988±0.636	9.867±0.347
醇类	9.588±0.747	9.139±0.616	7.719±0.837	7.192±0.531	6.516±0.353
醛类	4.919±0.263	4.595±0.255	4.676±0.535	5.112±0.293	6.607±0.632
酸类	3.912±0.634	2.714±0.435	2.767±0.153	3.480±0.244	2.233±0.083
醚类	—	1.732±0.049	1.747±0.299	—	—
铵盐及其他	3.443±0.958	2.333±0.173	2.142±0.336	2.699±0.237	3.589±0.336

表 3-11　秋季栓皮栎挥发物相对含量日变化　　　　　（单位:%）

挥发物	采样时间				
	9:00~10:00	11:00~12:00	13:00~14:00	15:00~16:00	17:00~18:00
烯烃	27.193±3.334	37.998±3.455	32.789±3.243	36.179±4.073	29.839±2.643
烷烃	14.579±1.732	13.274±1.535	12.475±1.083	11.157±1.343	12.734±1.625
炔烃	—	—	—	—	—
芳香烃	3.531±0.663	3.648±0.251	2.548±0.434	3.094±0.533	4.974±0.337
酯类	16.267±2.643	13.926±1.111	16.777±1.422	15.902±1.404	17.468±1.773
酮类	8.096±0.636	7.809±0.443	6.815±0.325	6.821±0.663	8.121±0.736
醇类	16.978±1.103	12.125±1.064	14.515±1.274	13.406±1.664	16.202±1.763

挥发物	采样时间				
	9:00～10:00	11:00～12:00	13:00～14:00	15:00～16:00	17:00～18:00
醛类	7.542±0.785	5.931±0.362	8.593±0.436	7.347±0.732	5.826±0.366
酸类	1.987±0.077	2.120±0.025	2.739±0.053	2.494±0.024	0.000
醚类	—	—	—	—	—
铵盐及其他	3.827±0.532	3.169±0.874	2.751±0.325	3.601±0.535	4.836±0.813

酯类物质在春季其日均相对含量为 11.350%，日变化浓度在 15:00～16:00 达到峰值（14.081%），总体为先降低再升高后降低的日变化规律；夏季酯日均相对含量为 11.434%，日变化相对含量在 9:00～10:00 达到最大值（12.365%），总体表现为双峰型日变化规律；秋季酯日均相对含量为 16.068%，日变化相对含量在 17:00～18:00 达到峰值（17.468%），日变化规律与夏季一致。

栓皮栎释放的醇类物质，春季其日均相对含量为 12.196%，日变化浓度在 11:00～12:00 达到峰值（13.609%），总体为先逐渐升高后又下降的日变化规律；夏季醇类物质日均相对含量为 8.031%，日变化相对含量在 9:00～10:00 达到峰值（9.558%），总体表现为先升高后降低的日变化规律；秋季醇类物质日均相对含量为 14.645%，日变化相对含量在 9:00～10:00 达到峰值（16.978%），日变化规律与夏季一致。

3.4 毛白杨挥发物相对含量时间变化规律

毛白杨是华北地区常见的速生落叶阔叶树种。与栓皮栎树种相似，总挥发物相对含量变化为夏季>春季>秋季。形成这种变化趋势的原因是毛白杨也是喜光植物，夏季温度和光合辐射达全年最大，毛白杨次生代谢等生理活动是最旺盛的，导致挥发物浓度达到全年最大值。同时，毛白杨是阔叶树种，其叶片也与栓皮栎一样要经历幼叶期、展叶期、成熟期和老叶期四个过程，秋季毛白杨随着自身代谢和风等环境条件的刺激叶片逐渐凋零，各项生理活动均趋向于下降，而春季毛白杨叶片正从萌芽期向展叶期生长，这时温度等环境条件的改变会促进毛白杨排放挥发物来维持自身生理代谢的需要，所以整体来看春季的挥发物浓度要高于秋季。

毛白杨释放的主要物质和栓皮栎类似，主要有烯烃、烷烃、芳香烃、醇类和酯类物质（表 3-12 ～ 表 3-14）。春季烯烃日均相对含量为 12.475%，在 13:00 ～ 14:00 时的相对含量达到最大值（14.701%），日变化呈现先增大后减少的单峰型变化趋势。夏季烯烃日均相对含量为 35.149%，在 11:00 ～ 12:00 和 15:00 ～ 16:00 达到两个峰值，分别为 38.610% 和 37.289%，出现这种双峰型的日变化规律，是因毛白杨与栓皮栎一样在正午时间段由于温度和光照升高植物自身处于气孔关闭的"午休"阶段，导致烯烃等挥发物暂时储存在叶片内部细胞结构中，从而使挥发物相对含量降低。秋季烯烃日均相对含量为 33.128%，在 11:00 ～ 12:00 和 15:00 ～ 16:00 两个时间段达到两个峰值，相对含量分别为 38.378% 和 36.541%，日变化呈现双峰型变化趋势的原因与夏季类似。

表 3-12　春季毛白杨挥发物相对含量日变化　　　　（单位:%）

挥发物	采样时间				
	9:00 ~ 10:00	11:00 ~ 12:00	13:00 ~ 14:00	15:00 ~ 16:00	17:00 ~ 18:00
烯烃	11.575±1.087	12.514±1.232	14.701±1.653	11.966±1.133	11.621±1.212
烷烃	19.875±2.073	21.295±2.545	18.852±1.864	17.532±1.673	20.374±3.073
炔烃	—	—	—	—	—
芳香烃	9.625±0.873	6.324±0.665	6.674±0.577	6.571±0.354	8.531±0.671
酯类	10.626±0.863	9.900±0.927	10.272±0.992	13.096±1.236	8.882±0.742
酮类	9.387±0.974	10.449±0.774	9.868±0.675	10.919±1.072	11.841±0.998
醇类	9.675±0.894	12.657±1.211	12.136±1.353	11.782±1.063	10.460±1.054
醛类	7.637±0.646	8.655±0.332	5.983±0.261	8.051±0.536	7.390±0.267
酸类	7.797±0.747	5.699±0.264	5.565±0.364	5.910±0.526	7.453±0.644
醚类	—	—	—	—	—
铵盐及其他	6.803±0.536	5.507±0.741	8.949±0.743	7.173±0.546	6.448±0.235

表 3-13　夏季毛白杨挥发物相对含量日变化　　　　（单位:%）

挥发物	采样时间				
	9:00 ~ 10:00	11:00 ~ 12:00	13:00 ~ 14:00	15:00 ~ 16:00	17:00 ~ 18:00
烯烃	31.316±4.536	38.610±4.274	35.378±4.827	37.289±3.973	33.154±3.263
烷烃	15.841±1.631	12.791±1.121	13.059±1.343	13.803±1.247	15.521±1.535
炔烃	0.530±0.053	3.900±0.173	4.734±0.535	4.398±0.264	0.530±0.533
芳香烃	9.022±0.883	6.808±0.565	5.913±0.636	6.571±0.663	9.750±0.976

挥发物	采样时间				
	9:00～10:00	11:00～12:00	13:00～14:00	15:00～16:00	17:00～18:00
酯类	12.401±1.037	9.661±0.973	12.257±1.333	11.178±1.084	12.036±1.554
酮类	9.085±0.971	7.717±0.572	9.548±0.980	8.199±0.862	10.002±0.999
醇类	9.734±0.789	9.304±0.538	7.940±0.788	7.434±0.787	6.785±0.284
醛类	5.252±0.274	4.942±0.787	5.019±0.799	5.437±0.274	6.872±0.626
酸类	4.285±0.287	3.136±0.650	3.187±0.183	3.870±0.331	2.673±0.674
醚类	0.530±0.015	2.193±0.044	2.207±0.042	0.530±0.126	0.530±0.338
铵盐及其他	3.835±0.322	2.770±0.109	2.587±0.544	3.121±0.235	3.976±0.272

毛白杨释放的烷烃相对含量仅次于烯烃，春季其日均相对含量为19.586%，相对含量在11:00～12:00达到峰值（21.295%），总体为先逐渐升高后又下降的日变化规律；夏季烷烃日均相对含量为14.203%，相对含量在9:00～10:00达到峰值（15.841%），总体表现为先降低后升高的日变化规律；秋季烷烃日均相对含量为12.972%，相对含量在9:00～10:00达到峰值（14.725%），日变化规律与夏季一致。

表3-14　秋季毛白杨挥发物相对含量日变化　　（单位:%）

挥发物	采样时间				
	9:00～10:00	11:00～12:00	13:00～14:00	15:00～16:00	17:00～18:00
烯烃	27.465±3.074	38.378±4.264	33.117±3.525	36.541±3.098	30.138±2.564
烷烃	14.725±2.073	13.407±1.531	12.600±1.632	11.269±0.973	12.861±1.213
炔烃	—	—	—	—	—
芳香烃	3.566±0.354	3.684±0.726	2.573±0.535	3.125±0.264	5.023±0.632
酯类	16.430±1.562	14.065±1.347	16.944±1.678	16.061±1.359	17.643±1.637
酮类	8.177±0.874	7.887±0.673	6.883±0.845	6.889±0.741	8.202±0.673
醇类	17.148±2.057	12.247±1.145	14.660±1.137	13.540±1.164	16.364±1.974
醛类	7.617±0.673	5.990±0.736	8.678±0.775	7.421±0.543	5.885±0.562
酸类	2.007±0.066	2.141±0.343	2.766±0.364	2.519±0.271	—
醚类	—	—	—	—	—
铵盐及其他	3.865±0.264	3.200±0.571	2.779±0.133	3.637±0.179	4.884±0.282

毛白杨释放的芳香烃，春季其日均相对含量为7.545%，相对含量在9:00～

10:00 达到峰值（9.625%），总体为先逐渐下降后又升高的日变化规律；夏季芳香烃日均相对含量为 7.613%，相对含量在 17:00～18:00 达到峰值（9.750%），总体表现为先降低后升高的日变化规律；秋季芳香烃日均相对含量为 3.594%，相对含量在 11:00～12:00 达到峰值（3.684%），日变化规律与春、夏两季一致。春季、夏季和秋季芳香烃相对含量在 17:00～18:00 有较明显的上升，这是因为毛白杨和栓皮栎采样的地点靠近人类活动区，说明该天然源物质的排放受到人为活动的影响。

酯类物质在春季其日均相对含量为 10.555%，相对含量在 15:00～16:00 达到峰值（为 13.096%），总体为先逐渐下降后升高又下降的日变化规律；夏季酯日均相对含量为 11.507%，相对含量在 9:00～10:00 达到峰值（12.401%），总体表现为双谷型日变化规律；秋季酯日均相对含量为 16.229%，相对含量在 17:00～18:00 达到峰值（17.643%），日变化规律与春、夏两季一致。

毛白杨释放的醇类物质，春季其日均相对含量为 11.342%，相对含量在 11:00～12:00 达到峰值（12.657%），总体为先逐渐升高后又下降的日变化规律；夏季醇类物质日均相对含量为 8.239%，相对含量在 9:00～10:00 达到峰值（9.734%），总体表现为从早上到傍晚一直降低的日变化规律；秋季醇类物质日均相对含量为 14.792%，相对含量在 9:00～10:00 达到峰值（17.148%），日变化规律呈双谷型。

3.5　刺槐挥发物相对含量时间变化规律

刺槐是保持水土、改良土壤的多功能树种，也是一种喜光和耐湿的树种。从四季来看，总挥发物相对含量变化为夏季＞春季＞秋季，这与栓皮栎、毛白杨的变化规律基本一致。作为落叶阔叶树种，刺槐叶片物候期具有一定的季节性，与上述两种阔叶树种一样，叶片等器官都要经历从萌芽状态到成熟再到凋落的转变，从采样期间的叶面积指数（LAI）就可以反映出来，春季刺槐刚开始展叶，LAI 基本维持在 0.8～1.2，而到了夏季叶片进入成熟期，树木生长旺盛，枝叶繁茂，LAI 为 2.9～3.5，进入秋季，叶片逐渐掉落枯萎，LAI 迅速减少至 1.4 以下，这种变化趋势与刺槐释放挥发物相对含量的变化趋势基本一致，说明植物自身枝叶的生长阶段以及环境因素的改变是影响植物排放挥发物的关键因素。

刺槐释放的主要物质有烯烃、烷烃、芳香烃、醇类和酯类物质（表 3-15～表 3-17）。烯烃对总挥发物浓度占比总体来看没有上述两种阔叶树种高，这可能与刺槐独特的生理结构有关，导致其排放的挥发物种类比较多。春季烯烃日均相对含量为37.018%，在13:00~14:00的相对含量达到最大值（为40.640%），日变化呈现单峰型变化趋势。夏季烯烃日均相对含量为42.916%，在11:00~12:00达到峰值（44.952%）。秋季烯烃日均相对含量为45.823%，在11:00~12:00达到峰值（47.685%）。

表 3-15　春季刺槐挥发物相对含量日变化　　　　（单位:%）

挥发物	采样时间				
	9:00~10:00	11:00~12:00	13:00~14:00	15:00~16:00	17:00~18:00
烯烃	35.923±3.980	37.541±4.133	40.640±4.767	32.560±3.134	38.424±3.789
烷烃	6.303±0.133	7.186±0.535	7.398±0.264	9.025±0.271	8.789±0.563
炔烃	—	—	—	—	—
芳香烃	—	—	3.831±0.063	2.260±0.242	
酯类	15.925±1.264	12.162±1.464	13.108±1.342	14.316±1.274	12.606±1.365
酮类	7.002±0.627	6.488±0.375	6.259±0.676	5.918±0.652	7.794±0.663
醇类	16.827±1.563	20.436±2.643	15.558±1.234	23.013±1.878	21.024±2.372
醛类	10.232±1.074	8.380±0.733	6.650±0.662	6.962±0.563	5.984±0.562
酸类	4.447±0.552	4.214±0.454	3.517±0.353	2.648±0.264	2.251±0.053
醚类	—	—	—	—	—
铵盐及其他	3.341±0.163	3.593±0.643	3.039±0.269	3.299±0.553	3.127±0.487

表 3-16　夏季刺槐挥发物相对含量日变化　　　　（单位:%）

挥发物	采样时间				
	9:00~10:00	11:00~12:00	13:00~14:00	15:00~16:00	17:00~18:00
烯烃	40.273±5.263	44.952±4.153	44.463±4.264	43.482±4.098	41.408±3.851
烷烃	12.179±1.074	8.809±0.656	10.588±0.991	11.147±1.113	10.747±0.879
炔烃	1.597±0.024	1.010±0.043	1.209±0.453	1.277±0.265	1.635±0.0153
芳香烃	1.834±0.0553	1.739±0.452	2.005±0.244	1.900±0.977	1.536±0.264
酯类	20.958±2.545	21.386±2.401	18.773±1.867	20.329±2.234	21.632±2.336
酮类	6.735±0.864	4.458±0.146	5.211±0.264	5.649±0.546	6.880±0.867
醇类	10.190±1.073	8.311±0.774	8.850±0.274	9.692±0.767	9.689±0.564
醛类	4.536±0.274	5.919±0.565	5.937±0.265	5.273±0.272	4.263±0.275
酸类	0.637±0.366	2.570±0.818	2.057±0.526	0.688±0.589	1.793±0.272

续表

挥发物	采样时间				
	9:00 ~ 10:00	11:00 ~ 12:00	13:00 ~ 14:00	15:00 ~ 16:00	17:00 ~ 18:00
醚类	—	—	—	—	—
铵盐及其他	0.607±0.074	0.848±0.065	0.906±0.088	0.562±0.056	0.418±0.064

表 3-17　秋季刺槐挥发物相对含量日变化　　　　（单位:%）

挥发物	采样时间				
	9:00 ~ 10:00	11:00 ~ 12:00	13:00 ~ 14:00	15:00 ~ 16:00	17:00 ~ 18:00
烯烃	45.885±5.521	47.685±4.283	44.783±4.190	45.962±4.283	44.800±4.125
烷烃	7.382±0.552	4.916±0.387	4.393±0.274	3.984±0.282	3.991±0.134
炔烃	—	—	—	—	—
芳香烃	1.972±0.064	2.531±0.173	2.209±0.371	3.092±0.564	1.860±0.027
酯类	23.047±2.633	25.909±3.074	24.878±2.645	22.625±2.785	25.279±3.281
酮类	2.595±0.065	1.379±0.774	3.264±0.281	2.454±0.283	2.381±0.645
醇类	10.556±1.074	10.284±1.036	11.289±1.244	12.298±1.321	14.930±1.421
醛类	4.222±1.032	4.052±1.261	5.092±1.075	5.572±0.563	4.110±0.265
酸类	1.772±0.068	1.669±0.078	1.600±0.054	1.158±0.026	1.331±0.097
醚类	—	—	—	—	—
铵盐及其他	1.148±0.013	1.574±0.052	1.375±0.055	1.742±0.083	1.317±0.0454

　　烷烃是刺槐释放相对含量较多的物质，春季其日均相对含量为7.40%，相对含量在15:00 ~ 16:00达到峰值（为9.025%），总体为先逐渐升高后又下降的日变化规律；夏季烷烃日均相对含量为10.694%，相对含量在9:00 ~ 10:00达到峰值（12.179%），总体表现为先降低后升高再降低的日变化规律；秋季烷烃日均相对含量为4.933%，相对含量在9:00 ~ 10:00达到峰值（7.382%），日变化规律为先降低后升高。可以看出，在夏秋季早晨烷烃的相对含量要高于傍晚时段的，这是因为早晨温度逐渐回升要高于傍晚，加之早晨湿度大，刺槐是一种耐湿植物，对于大气相对湿度的增大反而会刺激其释放大量挥发性物质。

　　刺槐释放的芳香烃，春季其日均相对含量为3.046%，相对含量在13:00 ~ 14:00达到峰值（3.831%），总体为先逐渐升高后又下降的日变化规律；夏季芳香烃日均相对含量为1.803%，相对含量在13:00 ~ 14:00达到峰值（2.005%），总体表现为先降低后升高之后又降低的日变化规律；秋季芳香烃日均相对含量为

2.333%，相对含量在 15:00～16:00 达到峰值（3.092%）。

刺槐释放的酯类物质，在春季其日均相对含量为 13.632%，相对含量在 9:00～10:00 达到峰值（15.925%），总体为先降低后升高再降低的日变化规律；夏季酯类日均相对含量为 20.616%，相对含量在 17:00～18:00 达到峰值（21.632%），总体表现为先升高后降低之后又逐渐升高的双峰型日变化规律；秋季酯日均相对含量为 24.348%，相对含量在 11:00～12:00 达到峰值（为 25.909%），日变化规律与夏季一致。

刺槐释放的醇类物质，春季其日均相对含量为 19.371%，相对含量在 15:00～16:00 达到峰值（为 23.013%），总体为先逐渐升高后又下降再升高再下降的日变化规律；夏季醇类物质日均相对含量为 9.346%，相对含量在 9:00～10:00 达到峰值（10.190%），总体表现为先降低后升高的日变化规律；秋季醇类物质日均相对含量为 11.871%，相对含量在 17:00～18:00 达到峰值（14.930%），日变化规律与夏季一致。

3.6 不同树木萜烯类化合物相对含量及其日变化特征

3.6.1 不同植物萜烯类化合物相对含量

以上章节主要分析了几种典型森林树种挥发性有机化合物的成分特征和主要成分的相对含量变化，可以看出，不管是针叶树种还是阔叶树种排放量最多的是一些萜烯类化合物，虽然本研究的地区处于温带地区，但以上研究结论与国内乃至世界各森林区域的研究结果较一致。本书之后各章将主要围绕植物排放的萜烯类化合物进行深入分析。BVOCs 的合成是一个复杂的过程，主要在植物组织中发生一系列生理生化过程。近来的研究主要通过叶片和大气的气体交换来分析不同环境因素作用下 BVOCs 的释放机制。针叶树种的油性树脂是在植物一些特殊器官中合成的，如树脂道、管束、腺体和输送管腔等组织都存在于针叶、茎和根中。针叶树种的油性树脂主要有萜品烯（单萜烯和倍半萜烯）、树脂酸（二萜）和酚类。例如，异戊二烯在植物叶片生物合成后会经气孔迅速排放到大气中，而不会储存在植物体中。相反，单萜烯在植物特殊结构中（树脂道、腺体、分泌细胞等）生物合成后会在体内组织中储存，仅只有一部分释放到大气中。

本研究采用原位采样法来分析不同树种的 BVOCs 化学组成。图 3-1 是侧柏树种 BVOCs 经过自动热脱附气质联用仪（GC-MS）的分析谱图。各物质的化学组成等信息均在表 3-18 中列出。由表 3-18 可以看出，侧柏排放的主要物质有单萜烯、倍半萜烯和它们的氧化物质，分别有 18 种、13 种和 25 种。侧柏释放的 BVOCs 经过化学分类主要包括单萜烯（64.65%）、单萜烯氧化物质（2.28%）、倍半萜烯（21.33%）、倍半萜烯氧化物质（0.44%）、烷烃（0.40%）、醛（2.42%）、酮（0.50%）、芳香烃（0.05%）、酯（2.65%）和酸（0.48%），还有一些铵盐物质（1.10%）。在这 56 种 BVOCs 中，占主导作用的物质有 α-蒎烯（25.04%）、β-月桂烯（13.54%）、α-法尼烯（13.36%）、柠檬烯（12.56%）、β-蒎烯（5.29%）和 β-石竹烯（5.27%）。这些数据的获得说明原位动态箱式采样法能够获得北方地区植物完整叶片释放的挥发性有机化合物。

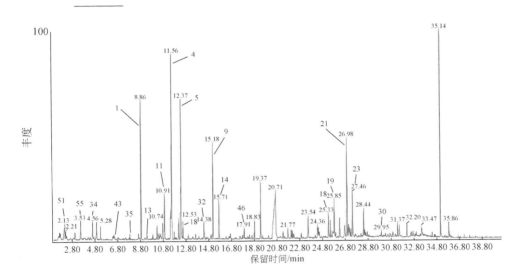

图 3-1　侧柏挥发物谱图（数字代表各物质在表 3-18 中列出）

表 3-18　侧柏挥发性有机化合物组成

序号	CAS 登录号	有机化合物质	分子式	相对分子质量	相对含量/%
		单萜烯			64.65
1	80-56-8	α-蒎烯（α-pinene）	$C_{10}H_{16}$	136	25.04±0.31
2	127-91-3	β-蒎烯（β-pinene）	$C_{10}H_{16}$	136	5.29±0.08

续表

序号	CAS 登录号	有机化合物质	分子式	相对分子质量	相对含量/%
		单萜烯			64.65
3	13466-78-9	3-蒈烯（3-carene）	$C_{10}H_{16}$	136	0.12±0.01
4	5989-54-8	柠檬烯（limonene）	$C_{10}H_{16}$	136	12.56±0.04
5	2009-00-9	水合桧烯（sabinene）	$C_{10}H_{16}$	136	0.22±0.01
6	13877-91-3	罗勒烯（ocimene）	$C_{10}H_{16}$	136	0.06±0.03
7	99-86-5	α-萜品烯（α-terpinene）	$C_{10}H_{16}$	136	0.32±0.04
8	99-85-4	γ-萜品烯（γ-terpinene）	$C_{10}H_{16}$	136	0.23±0.02
9	586-62-9	萜品油烯（terpinolene）	$C_{10}H_{16}$	136	4.06±0.12
10	99-83-2	α-水芹烯（α-phellandrene）	$C_{10}H_{16}$	136	0.63±0.05
11	68240-09-5	β-水芹烯（β-phellandrene）	$C_{10}H_{16}$	136	0.58±0.03
12	123-35-3	β-月桂烯（β-myrcene）	$C_{10}H_{16}$	136	13.54±0.26
13	1698-20-0	α-侧柏烯（α-thujene）	$C_{10}H_{16}$	136	0.37±0.02
14	79-92-5	莰烯（camphene）	$C_{10}H_{16}$	136	1.63±0.07
		单萜烯氧化物质			2.28
15	207-70-0	龙脑（borneol）	$C_{10}H_{18}O$	154	0.27±0.06
16	2216-51-5	薄荷醇（menthol）	$C_{10}H_{20}O$	156	0.18±0.03
17	513-23-5	侧柏醇（thujanol）	$C_{10}H_{18}O$	154	0.02±0
18	470-82-6	桉叶油醇（eucalyptol）	$C_{10}H_{18}O$	154	1.81±0.08
		倍半萜烯			21.33
19	87-44-5	β-石竹烯（β-caryophyllene）	$C_{15}H_{24}$	204	5.27±0.03
20	475-20-7	长叶烯（longifolene）	$C_{15}H_{24}$	204	1.89±0.05
21	502-64-1	α-法尼烯（α-farnesene）	$C_{15}H_{24}$	204	13.36±0.16
22	483-76-1	杜松萜烯（d-cadinene）	$C_{15}H_{24}$	204	0.10±0.06
23	123-35-3	香叶烯（myrcene）	$C_{15}H_{24}$	204	0.25±0.02
24	489-39-4	（+）-香橙烯（（+）-aromadendrene）	$C_{15}H_{24}$	204	0.15±0.01
25	17699-14-8	荜澄茄油烯（α-cubebene）	$C_{15}H_{24}$	204	0.10±0.06
26	3856-25-5	可巴烯（copaene）	$C_{15}H_{24}$	204	0.13±0.04
27	87-44-5	法尼烯（caryophyllene）	$C_{15}H_{24}$	204	0.02±0.01
28	5208-59-3	波旁烯（α-bourbonene）	$C_{15}H_{24}$	204	0.06±0.01

序号	CAS 登录号	有机化合物质	分子式	相对分子质量	相对含量/%
		倍半萜烯氧化物质			0.44
29	513-23-5	红没药醇（α-bisabolol）	$C_{15}H_{26}O$	222	0.08±0.03
30	464-45-9	2-莰醇（L(−)-borneol）	$C_{10}H_{18}O$	154	0.21±0.01
31	17910-08-6	杜松醇（cadinol）	$C_{15}H_{26}O$	222	0.15±0.04
		烷烃（alkanes）			0.40
32	544-76-3	十六烷（hexadecane）	$C_{16}H_{34}$	226	0.18±0.04
33	1120-21-4	十一烷（undecane）	$C_{11}H_{24}$	156	0.12±0.06
34	629-50-5	十三烷（tridecane）	$C_{13}H_{28}$	184	0.10±0.03
		醛（aldehydes）			2.42
35	66-25-1	己醛（hexanal）	$C_6H_{12}O$	100	0.36±0.11
36	117-71-7	庚醛（heptanal）	$C_7H_{14}O$	114	0.12±0.09
37	124-13-0	辛醛（octanal）	$C_8H_{16}O$	128	0.42±0.16
38	124-19-6	壬醛（nonanal）	$C_9H_{18}O$	142	1.19±0.04
39	112-31-2	癸醛（decanal）	$C_{10}H_{20}O$	156	0.33±0.02
		酮（ketones）			0.50
40	98-86-2	苯乙酮（acetophenone）	C_8H_8O	120	0.12±0.03
41	78-59-1	异佛尔酮（isophorone）	$C_9H_{14}O$	138	0.13±0.06
42	76-22-2	2-莰酮（2-camphanone）	$C_{10}H_{16}O$	152	0.25±0.12
		芳香烃（aromatic hydrocarbons）			0.05
43	108-88-3	甲苯（toluene）	C_7H_8	92	0.04±0.01
44	100-41-4	乙苯（ethylbenzene）	C_8H_{10}	106	0.01±0.01
		酯（esters）			2.65
45	628-63-7	乙酸戊酯（acetic ester）	$C_7H_{14}O_2$	130	0.01±0
46	142-92-7	乙酸己酯（hexyl ester）	$C_8H_{16}O_2$	144	0.04±0.02
47	140-11-4	乙酸苄酯（benzyl acetate）	$C_9H_{10}O_2$	150	0.08±0.04
48	76-49-3	乙酸冰片酯（bornyl acetate）	$C_{12}H_{20}O_2$	196	2.48±0.24
49	119-36-8	水杨酸甲酯（methyl salicylate）	$C_8H_8O_3$	152	0.04±0.01
		酸（acids）			0.48
50	2786-22-3	2-氨基酸氧基丙酸(2-(aminooxy)propionic acid)	$C_3H_7NO_3$	105	0.01±0.01
51	142-62-1	己酸（hexanoic acid）	$C_6H_{12}O_2$	116	0.05±0.02

续表

序号	CAS 登录号	有机化合物质	分子式	相对分子质量	相对含量/%
		酸（acids）			0.48
52	64-19-7	乙酸（acetic acid）	$C_2H_4O_2$	133	0.41±0.17
53	112-05-0	天竺葵酸（nonanoic acid）	$C_9H_{18}O_2$	158	0.01±0.01
		铵盐物质			1.10
54	89673-71-2	2-羟基丙酰胺（propanamide, 2-hydroxy）	$C_3H_7O_2N$	89	0.98±0.08
55	2902-12-9	3-异丙氧基丙胺（3-isopropoxypropylamine）	$C_6H_{15}ON$	118	0.1±0.03
56	124-40-3	二甲胺（dimethylamine）	C_2H_7N	141	0.02±0.01
总共					96.30

由表 3-19 可以看出，不同树种释放萜烯类化合物具有一定的差异性。针叶树种油松和侧柏主要释放单萜烯，其中油松释放的 α-蒎烯占 TBVOCs 的 25.05%，β-蒎烯占 13.29%，月桂烯占 10.64%，香芹烯占 5.81%；侧柏释放的 α-蒎烯占 34.16%，3-蒈烯占 13.91%，水合桧烯占 10.70%。阔叶树种栓皮栎、毛白杨、刺槐主要排放异戊二烯，其中栓皮栎释放的异戊二烯占 TBVOCs 的 55.25%，毛白杨释放的异戊二烯占 TBVOCs 的 76.47%，刺槐释放的异戊二烯占 TBVOCs 的 45.33%。三者中毛白杨释放异戊二烯相对含量最大，这说明该树种释放的大量异戊二烯参与大气化学反应，从而影响大气环境变化。

表 3-19 不同树种排放萜烯类挥发性有机化合物主要成分及相对含量

（单位：%）

主要成分	油松	侧柏	栓皮栎	毛白杨	刺槐
异戊二烯（isoprene）	7.25	6.49	55.25	76.47	45.33
α-蒎烯（α-pinene）	25.05	34.16	0.80	0.06	3.21
β-蒎烯（β-pinene）	13.29	0.00	0.55	0.17	2.09
3-蒈烯（3-carene）	0.12	13.91	0.00	0.07	4.76
水芹烯（phellandrene）	1.26	0.34	0.04	0.00	3.63
罗勒烯（ocimene）	0.06	0.64	10.23	0.08	0.23
异松油烯（terpinolene）	3.00	0.13	2.04	0.00	1.09
香芹烯（carvene）	5.81	0.00	0.00	0.01	3.52
月桂烯（myrcene）	10.64	0.67	0.35	0.23	1.66

续表

主要成分	油松	侧柏	栓皮栎	毛白杨	刺槐
水合桧烯((+)-sabinene)	2.54	10.70	0.04	0.61	5.39
松油烯 (terpinene)	0.45	0.16	0.18	0.00	2.41
柠檬烯 (cinene)	5.27	7.25	0.31	0.37	1.28

3.6.2　不同树种萜烯类化合物相对含量日变化特征

植物体内大量的存储器官（如树脂道、腺体等）能够大量排放萜烯类化合物，这些物质也会随树种的不同而变化。图 3-2 和图 3-3 是五种树种释放异戊二烯和单萜烯的日变化规律图。由图 3-2 可以看出，五种树种排放的异戊二烯相对含量在 11:00~12:00 达到最大值，总体呈现先增大后减少的单峰型变化趋势。由图 3-3 可以看出，五种树种单萜烯排放呈现双峰双谷型变化趋势，在 11:00~12:00 达到峰值，在 13:00~14:00 植物由于气孔关闭进入"午休"状态从而使单萜烯相对含量降低，随着大气温度的下降，植物次生代谢反应逐渐恢复，单萜烯相对含量在 15:00~16:00 时间段有所升高，之后随着温度和光合辐射的减小在 17:00~18:00 单萜烯的相对含量达到一天中的最小值，本研究结果与宁平等（2013）在昆明地区对主要乔木树种挥发物的分析研究结果一致。

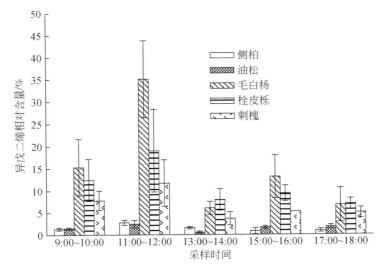

图 3-2　不同树种排放异戊二烯的日变化规律

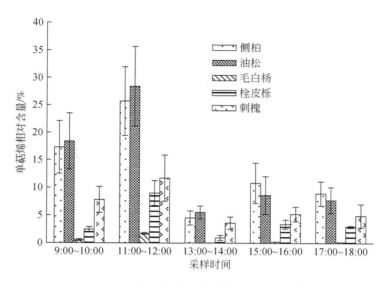

图 3-3　不同树种排放单萜烯的日变化规律

3.7　本 章 小 结

本章主要分析了五种典型森林树种释放的挥发性有机化合物相对含量的变化，对比了五种树种挥发性有机化合物相对含量日变化差异，并重点探究了五种树种释放萜烯类化合物成分特征及相对含量变化。主要结论如下：

1）不同树种释放挥发物相对含量具有一定的季节性差异。油松释放的烯烃挥发物相对含量变化为春季>秋季>冬季>夏季；烷烃全年相对含量为夏季>秋季>春季>冬季。侧柏烯烃和烷烃挥发物相对含量分别为秋季>夏季>冬季>春季、春季>夏季>冬季>秋季。栓皮栎释放烯烃相对含量为夏季>秋季>春季；烷烃相对含量为春季>夏季>秋季；酯类相对含量为秋季>夏季>春季；醇类相对含量为秋季>春季>夏季。毛白杨释放的烯烃、烷烃、酯类和醇类物质季节变化规律基本与栓皮栎一致。刺槐释放烯烃相对含量为秋季>夏季>春季；烷烃相对含量为夏季>春季>秋季；酯类相对含量为秋季>夏季>春季；醇类相对含量为春季>秋季>夏季。

2）春季和冬季油松释放烯烃的相对含量在 11:00 ～ 14:00 出现峰值，并且均呈现先升后降的单峰型趋势，而春季侧柏释放烯烃相对含量在 11:00 ～ 12:00 达到峰值。夏季和秋季油松和侧柏烯烃相对含量变化呈现双峰双谷型，峰值出现在 9:00 ～ 12:00 和 15:00 ～ 16:00 两个时间段。春季栓皮栎、毛白杨和刺槐释放的烯烃相对含量均在13:00~14:00达到峰值；夏季栓皮栎和毛白杨释放的烯烃物质呈现双峰变化趋势，分别在11:00~12:00和15:00~16:00达到峰值。春季栓皮栎、毛白杨和刺槐释放的烷烃类物质相对含量均在11:00~12:00达到峰值；夏季和秋季三种树种释放的烷烃均在9:00~10:00达到峰值。春季栓皮栎、毛白杨释放的酯类物质相对含量均在15:00~16:00达到峰值，春季刺槐释放的酯类物质相对含量在9:00~10:00达到峰值。春季栓皮栎和毛白杨释放的醇类物质在15:00~16:00达到峰值，而刺槐则呈现双峰型分布，分别在11:00~12:00和15:00~16:00达到峰值；夏季栓皮栎、毛白杨、刺槐释放醇类物质的日变化相对含量均在9:00~10:00达到峰值；秋季栓皮栎和毛白杨醇类物质相对含量在9:00~10:00达到峰值，而刺槐则在17:00~18:00达到峰值。

3）不同类型树木释放的萜烯类化合物具有一定差异性，针叶树种（油松和侧柏）主要排放单萜烯，主要包括α-蒎烯（25.05%）、β-蒎烯（13.29%）、月桂烯（10.64%）、香芹烯（5.81%）、3-蒈烯（13.91%）、水合桧烯（10.70%）。阔叶树种主要排放异戊二烯，由栓皮栎、毛白杨和刺槐释放的异戊二烯分别占TBVOCs的55.25%、76.47%和45.33%。

4）不同类型树木排放的萜烯类化合物日变化规律，五种树种排放的异戊二烯相对含量在11:00~12:00达到最大值，总体呈现先增大后减少的单峰型变化趋势。五种树种单萜烯相对含量呈现双峰双谷型变化趋势，在11:00~12:00和15:00~1600达到峰值。

4 森林植被挥发性有机化合物排放估算因子

植物排放的挥发性有机化合物的排放速率能够反映其排放强度，通过利用温度和光照等环境因子参数结合 G93 公式来计算标准排放速率。

具体计算公式内容为

$$\varepsilon = \frac{ER}{C_T C_L}$$

式中，ε 为树种的标准排放因子（$\mu g\ C \cdot g^{-1} \cdot h^{-1}$）；ER 为树种排放速率（$\mu g\ C \cdot g^{-1} \cdot h^{-1}$）；$C_T$ 为温度校正因子；C_L 为光校正因子。

挥发性有机化合物中，异戊二烯受光照和温度的复合影响，单萜烯与其他 VOCs 主要受温度影响。对于异戊二烯来说，光校正因子计算方式如下：

$$C_L = \frac{\alpha C_{L1} L}{\sqrt{1 + \alpha^2 L^2}}$$

式中，L 为光合有效辐射（PAR）通量（$\mu mol \cdot m^{-2} \cdot s^{-1}$）；$\alpha$ 为经验常数，取值为 0.0027；C_{L1} 为经验常数，取 1.066。

温度校正因子计算方式如下：

$$C_T = \frac{\exp\left[C_{T1}(T - T_S)/RT_S T \right]}{\{1 + \exp\left[C_{T2}(T - T_M)/RT_S T \right]\}}$$

式中，T 为叶温（K）；T_S 为标准条件下的叶温，参照值为 303K；R 为摩尔气体常数，值为 8.314J $\cdot$ K^{-1} $\cdot$ mol^{-1}；C_{T1} 为常数，值为 95 000J $\cdot$ mol^{-1}；C_{T2} 为常数，值为 230 000J $\cdot$ mol^{-1}；T_M 为 314K。

单萜烯温度校正因子计算方式如下：

$$\gamma = \exp\left[\beta(T - T_S) \right]$$

式中，β 为经验参数，取值为 0.09K^{-1}；T 为叶温（K）；T_S 为标准条件下的叶温，值为 303K。

标准排放速率也是计算排放通量的重要参数因子，因此准确估计不同植物挥发物的排放速率和排放通量，了解不同环境因子与挥发物排放速率之间的关系，将有助于预测未来气候变化条件下大气化学、大气环境和气候变化内在的联系和规律性。

4.1 不同树种 BVOCs 排放速率特征

表4-1 反映的是五种不同树种 BVOCs 排放速率变化情况。从表4-1 中可以看出，油松单位叶面积 BVOCs 排放速率最大，达到 $62.29\text{nmol} \cdot \text{m}^{-2} \cdot \text{s}^{-1}$。从 BVOCs 不同种类来看，阔叶树种（栓皮栎、毛白杨、刺槐）单位叶面积排放异戊二烯速率较高，其中，毛白杨排放异戊二烯速率最大，为 $36.47\text{nmol} \cdot \text{m}^{-2} \cdot \text{s}^{-1}$。油松单位叶面积排放 α-蒎烯、月桂烯和香芹烯速率较大，分别为 $22.14\text{nmol} \cdot \text{m}^{-2} \cdot \text{s}^{-1}$、$10.30\text{nmol} \cdot \text{m}^{-2} \cdot \text{s}^{-1}$ 和 $5.81\text{nmol} \cdot \text{m}^{-2} \cdot \text{s}^{-1}$。侧柏单位叶面积排放 α-蒎烯、柠檬烯和水芹烯速率较大，分别为 $4.16\text{nmol} \cdot \text{m}^{-2} \cdot \text{s}^{-1}$、$3.82\text{nmol} \cdot \text{m}^{-2} \cdot \text{s}^{-1}$ 和 $3.03\text{nmol} \cdot \text{m}^{-2} \cdot \text{s}^{-1}$。通过针阔叶树种单位叶面积萜烯类化合物排放速率的对比可以看出，针叶树种单萜烯排放速率较高，阔叶树种异戊二烯排放速率较高，这与之前分析相对含量变化规律基本一致。

表4-1 不同树种 BVOCs 排放速率

（单位：$\text{nmol} \cdot \text{m}^{-2} \cdot \text{s}^{-1}$）

BVOCs	油松	侧柏	栓皮栎	毛白杨	刺槐
异戊二烯（isoprene）	3.85±0.87	1.62±0.66	6.84±0.06	36.47±10.23	7.23±0.35
α-蒎烯（α-pinene）	22.14±8.23	4.16±1.21	2.91±0.84	2.62±0.79	2.45±0.24
β-蒎烯（β-pinene）	4.23±0.17	0.00	2.45±0.34	0.27±0.02	1.73±0.52
3-蒈烯（3-carene）	0.66±0.29	0.68±0.31	0.00	0.63±0.06	0.66±0.38
水芹烯（phellandrene）	2.59±0.54	3.03±0.22	0.29±0.01	0.00	1.92±0.67
罗勒烯（ocimene）	4.45±0.23	0.64±0.19	0.59±0.41	4.51±0.37	0.25±0.03
异松油烯（terpinolene）	2.54±0.97	0.83±0.09	2.04±1.11	0.00	2.41±0.31
香芹烯（carvene）	5.81±1.03	0.00	0.00	2.56±0.54	1.63±0.82
月桂烯（myrcene）	10.30±2.47	0.67±0.19	2.54±0.78	0.64±0.34	0.58±0.39
水合桧烯［(+)-sabinene］	2.54±0.88	0.66±0.21	2.46±0.23	2.55±0.16	1.24±0.64
松油烯（terpinene）	0.64±0.12	0.65±0.06	2.32±0.49	0.00	1.03±0.46
柠檬烯（cinene）	2.54±0.17	3.82±0.39	3.31±0.41	2.56±0.52	2.13±0.72
合计	62.29	16.76	25.75	52.81	23.26

4.1.1　BVOCs 排放速率随大气温度动态变化

采用动态密闭箱法来研究 BVOCs 排放速率与大气温度变化的关系。根据密闭箱进气口和出气口采样流量的差值结合采样枝叶的干重计算单位叶片干重 BVOCs 的排放速率。

由图 4-1 可以看出，四种单萜烯排放速率与大气温度变化趋势基本一致，随着温度的变化而变化。从日变化规律上还可以看出，白天温度要高于夜晚，单萜烯的排放速率也表现出随白天温度的升高而增大到最大值，随夜晚温度的降低而下降到最小值。当温度在接近 12:00 时达到最大值时，α-蒎烯、月桂烯、α-法尼烯和柠檬烯的排放速率也达到最大值，分别为 $0.431\mu g \cdot h^{-1} \cdot g^{-1}$、$0.226\mu g \cdot h^{-1} \cdot g^{-1}$、$0.347\mu g \cdot h^{-1} \cdot g^{-1}$ 和 $0.281\mu g \cdot h^{-1} \cdot g^{-1}$。四种单萜烯排放速率也随着温度的下降而减小，在凌晨 3:00 ~ 5:00 降到最低值，分别为

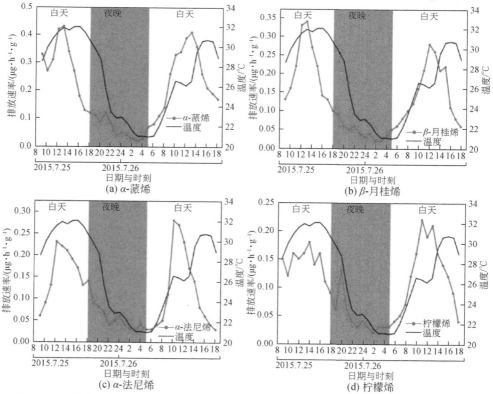

图 4-1　萜烯化合物排放速率随温度日变化规律（白天采样频度为 1h，夜晚采样为 2h）

$0.021\mu g \cdot h^{-1} \cdot g^{-1}$、$0.018\mu g \cdot h^{-1} \cdot g^{-1}$、$0.011\mu g \cdot h^{-1} \cdot g^{-1}$、$0.032\mu g \cdot h^{-1} \cdot g^{-1}$。除此以外，其他单萜烯物质的排放速率与大气温度的关系也表现出与上述四种单萜烯相同的规律（由于篇幅有限数据未列出），这说明植物单萜烯的排放对大气温度有强烈的依赖性。

4.1.2 BVOCs 排放速率随光照动态变化

本研究采用动态密闭箱法将光照强度和 BVOCs 排放速率同时监测，来研究 BVOCs 排放动态对光照的响应。

图 4-2 是单萜烯化合物排放速率随光照日变化规律。从图 4-2 中可以看出，单萜烯排放速率与光照强度具有很强的相关性，随着光照强度的增大，单萜烯排放速率也随之增大。当光合有效辐射为 $600 \sim 800\mu mol \cdot m^{-2} \cdot s^{-1}$，单萜烯排放速率达到最大。单萜烯的日排放速率随着光照变化而变化，说明单萜烯的生物合成与生长环境的光合有效辐射强度和净光合速率紧密相关。

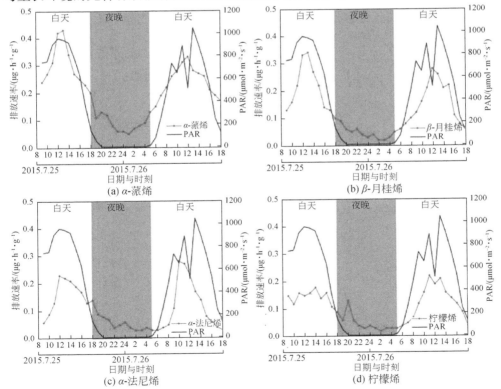

图 4-2 单萜烯化合物排放速率随光照日变化规律（白天采样频度为 1h，夜晚采样为 2h）

α-蒎烯（0.263μg · h^{-1} · g^{-1}）、月桂烯（0.132μg · h^{-1} · g^{-1}）、α-法尼烯（0.173μg · h^{-1} · g^{-1}）和柠檬烯（0.135μg · h^{-1} · g^{-1}）的排放速率白天显著高于夜晚（0.062μg · h^{-1} · g^{-1}、0.045μg · h^{-1} · g^{-1}、0.045μg · h^{-1} · g^{-1}和0.051μg · h^{-1} · g^{-1}）。上述这种规律主要是因白天光照强度逐渐升高直至最大，而到了夜晚光照强度逐渐减小直至接近为0。在采样期间，其他单萜烯排放速率变化也与图4-2中四种单萜烯排放速率随光照的变化规律一致。

4.2 BVOCs 标准化排放速率

从上面几节分析来看，温度对 BVOCs 短时间排放具有显著的影响，但BVOCs 排放速率也随着叶龄、监测时间和物种特性的不同而变化，因此，量化排放速率对温度的响应显得十分重要。在现阶段研究中，G93 数学模型被用来模拟单萜烯和倍半萜烯排放速率的计算。在文献中，BVOCs 的排放速率计算公式为$E = E_s \times e^{\beta(T-T_s)}$，其中$E_s$是将基本排放速率标准化（标准温度为30℃）而来的，系数β代表排放速率对温度的依赖性。

在植物生长季采样过程中，大气温度变化范围为 20～34℃，因此将 BVOCs 排放速率设定在标准温度30℃下来计算标准排放速率。图4-3 为 BVOCs 基本排放速率与标准温度的相关性。可以看出，BVOCs 基本排放速率与温度成指数关系，这与 G93 数学模型的假设是一致的。例如，柠檬烯与标准温度建立的两者的回归方程为$y = 0.1443e^{0.1732x}$（$R^2 = 0.836$），可以得到柠檬烯的标准排放速率为0.144μg · h^{-1} · g^{-1}，β系数为 0.173℃$^{-1}$。通过建立 BVOCs 基本排放速率与标准温度的相关关系方程，就可以计算出 BVOCs 标准排放速率和温度系数值β，并运用统计分析检验方程的拟合性。运用上述方法，建立了不同 BVOCs 标准排放速率和温度系数值β汇总到表4-2 中。

由表4-2 可以看出，BVOCs 中单萜烯的标准排放速率最大。其中，α-蒎烯、柠檬烯、β-月桂烯、α-法尼烯的标准排放速率分别为 0.273μg · h^{-1} · g^{-1}、0.144μg · h^{-1} · g^{-1}、0.182μg · h^{-1} · g^{-1}、0.141μg · h^{-1} · g^{-1}，这些物质标准排放速率均超过了 0.1μg · h^{-1} · g^{-1}，温度系数β分别为 0.135℃$^{-1}$、0.173℃$^{-1}$、0.191℃$^{-1}$和0.168℃$^{-1}$，而β-蒎烯（0.067μg · h^{-1} · g^{-1}）、萜品油烯（0.057μg · h^{-1} · g^{-1}）、桉油精（0.029μg · h^{-1} · g^{-1}）、莰烯（0.024μg · h^{-1} · g^{-1}）、α-萜品烯（0.016μg · h^{-1} · g^{-1}）、龙脑（0.014μg · h^{-1} · g^{-1}）、桧烯（0.012μg · h^{-1} · g^{-1}）和3-蒈烯（0.006μg · h^{-1} · g^{-1}）的标准排放速率均低于 0.1μg · h^{-1} · g^{-1}，相应的温度系数

β 分别为 0.164℃$^{-1}$、0.084℃$^{-1}$、0.082℃$^{-1}$、0.164℃$^{-1}$、0.102℃$^{-1}$、0.074℃$^{-1}$、0.066℃$^{-1}$、0.049℃$^{-1}$。除此以外，对一些倍半萜烯类物质如 β-石竹烯和长叶烯的标准排放速率也进行了计算，分别为 0.062μg·h^{-1}·g^{-1} 和 0.032μg·h^{-1}·g^{-1}，相应的温度系数 β 分别为 0.143℃$^{-1}$ 和 0.117℃$^{-1}$。

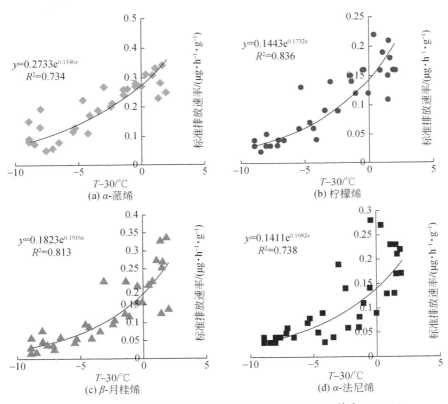

图 4-3 BVOCs 排放速率与标准温度的相关性（$T - T_s$，其中 $T_s = 30℃$）

表 4-2 BVOCs 标准排放速率和 β 系数

物质	标准排放速率/(μg·h^{-1}·g^{-1})	β/℃$^{-1}$	R^2	n
α-蒎烯	0.273	0.135	0.734	34
柠檬烯	0.144	0.173	0.836	34
β-月桂烯	0.182	0.191	0.813	34
α-法尼烯	0.141	0.168	0.738	34
β-蒎烯	0.067	0.164	0.689	34
β-石竹烯	0.062	0.143	0.671	34

续表

物质	标准排放速率/($\mu g \cdot h^{-1} \cdot g^{-1}$)	$\beta/℃^{-1}$	R^2	n
萜品油烯	0.057	0.084	0.579	34
长叶烯	0.032	0.117	0.524	34
桉油精	0.029	0.082	0.613	34
莰烯	0.024	0.164	0.607	34
α-萜品烯	0.016	0.102	0.697	34
龙脑	0.014	0.074	0.545	34
桧烯	0.012	0.066	0.625	34
3-蒈烯	0.006	0.049	0.532	34
总计	1.762	0.174	0.897	34

图 4-4 与图 4-5 分别为优势树种异戊二烯与单萜烯排放速率。由图 4-4 可知，异戊二烯排放速率最大的树种是刺槐〔其排放速率为（14.42±2.043）$\mu g \ C \cdot g^{-1} \cdot h^{-1}$〕，最小的是侧柏〔排放速率为（0.08±0.017）$\mu g \ C \cdot g^{-1} \cdot h^{-1}$〕。而在 5 种常见单萜烯中，排放 α-蒎烯速率最大的是油松〔（2.15±0.378）$\mu g \ C \cdot g^{-1} \cdot h^{-1}$〕，

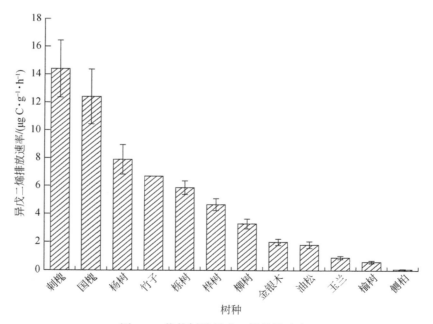

图 4-4　优势树种异戊二烯排放速率

最小的是刺槐 $[(0.01 \pm 0.003)$ μg C·g^{-1}·h$^{-1}]$；排放 β-蒎烯速率最大的是刺槐 $[(0.25 \pm 0.047)$ μg C·g^{-1}·h$^{-1}]$，最小为油松 $[(0.01 \pm 0.002)$ μg C·g^{-1}·h$^{-1}]$；排放 β-月桂烯速率最大的是侧柏 $[(3.64 \pm 0.201)$ μg C·g^{-1}·h$^{-1}]$，其次是油松 $[(2.68 \pm 0.344)$ μg C·g^{-1}·h$^{-1}]$，最小的是榆树 $[(0.15 \pm 0.019)$ μg C·g^{-1}·h$^{-1}]$；排放柠檬烯速率最大的是侧柏 $[(2.35 \pm 0.446)$ μg C·g^{-1}·h$^{-1}]$，其次为油松 $[(1.23 \pm 0.234)$ μg C·g^{-1}·h$^{-1}]$，最小的是刺槐 $[(0.16 \pm 0.008)$ μg C·g^{-1}·h$^{-1}]$；排放 3-蒈烯速率最大的是圆柏 $[(3.30 \pm 0.324)$ μg C·g^{-1}·h$^{-1}]$，最小的是油松 $[(0.01 \pm 0.002)$ μg C·g^{-1}·h$^{-1}]$。

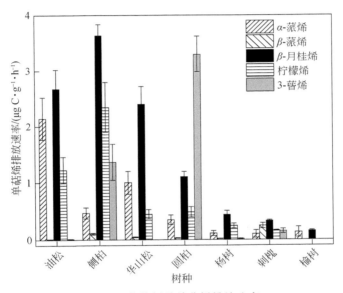

图 4-5 优势树种单萜烯排放速率

4.3 BVOCs 标准排放因子

采用标准排放因子计算方法得到河北省优势树种标准排放因子如表 4-3 所示。由表 4-3 可以看出，河北省地区的栎树、柳树、刺槐以及国槐的异戊二烯标准排放因子在所测树种中较高，单萜烯中 α-蒎烯标准排放因子较高的树种有油松和侧柏，β-月桂烯标准排放因子较高的有华山松和油松，柠檬烯标准排放因子较高的为油松，3-蒈烯则是侧柏和圆柏的标准排放因子最高。

表 4-3 河北省优势树种 BVOCs 标准排放因子库

(单位：$\mu g\ C \cdot g^{-1} \cdot h^{-1}$)

树种	异戊二烯	α-蒎烯	β-蒎烯	β-月桂烯	柠檬烯	3-蒈烯
杨树	4.810	0.173	0.018	0.104	0.095	0.001
刺槐	9.767	0.329	0.236	0.090	0.142	0.051
侧柏	0.046	2.329	0.097	0.364	0.235	1.362
华山松	0.097	0.996	0.044	1.826	0.213	0.006
圆柏	0.624	0.247	0.028	0.808	0.345	2.201
油松	1.157	2.065	0.014	2.576	1.180	0.007
鹅掌楸	—	0.169	0.192	0.038	0.089	0.132
元宝枫	0.408	0.006	—	0.036	—	0.260
华东椴	0.006	0.006	—	0.048	—	—
玉兰	5.407	0.008	—	0.040	—	—
榆树	0.417	0.117	—	0.132	—	—
竹子	4.083	—	—	0.017	—	—
桦树	2.624	0.010	—	—	—	—
国槐	10.129	0.008	—	—	—	—
栎树	17.017	—	—	—	—	—
柳树	22.110	—	—	—	—	—
金银木	14.840	—	—	—	—	—

　　在本研究前期的文献调研中发现，一些树种在不同地区、不同环境及土壤条件下，各研究者对其排放速率的观测结果存在很大差异。例如，栎树在土耳其、北京以及太湖流域的异戊二烯排放速率差异最大可达 23 倍，杨树在沈阳、北京以及太湖流域，随着经纬度的迁移以及气候的变化，其异戊二烯的排放速率依次升高，最大值与最小值相差达 2.7 倍。对于单萜烯来说，松属常绿乔木的排放速率也因地区不同而存在差异，如土耳其与中国的陕西、北京三个地区随着纬度的迁移，其排放速率并未见明显差异。然而树种排放速率却也与各地区的气候、土壤地质环境以及不同国家相同树种可能存在的差别有关。

　　本实验主要研究对象为河北省，因河北省的地理环境以及华北平原的土壤地质条件的不同，观测结果与表 1-3 中的文献参考值存在差异，在异戊二烯的观测值上与文献中的参考值相比，差异范围在 1.6~12.5 倍，与其余文献的差异范围相似。单萜烯标准排放因子与表 1-3 中参考值相比差异较小，基本在 1.9~3.7

倍，与其他文献中参考值的差异范围相似。

4.4　BVOCs 排放潜力估算

BVOCs 占植物排放挥发性有机化合物一半以上，准确估算区域尺度上不同林分 BVOCs 的排放通量对研究区域大气化学反应、大气循环和预测未来气候变化趋势具有重要意义。只有得到某一区域森林植被可靠的标准排放速率和排放通量，才可以探究该地区 BVOCs 排放对对流层化学过程和光化学反应的影响以及植物圈和大气圈能量与物质交换的相互作用。

利用整个林分的密度和叶面积干重计算排放潜力。林分尺度排放通量的计算利用标准排放速率和树木的叶生物量及叶密度来计算。本研究中选择的北京山区常见树种的叶生物量引用了已有文献研究森林树种及林分的叶生物量方程（表 4-4）。这些方程都是利用测树因子建立叶生物量的相关关系，考虑到在实地测量中的方便性，树高和胸径是野外观测最容易获得的单木参数，并结合国内外专家学者关于单木生物量计算的研究，选择树高、胸径和胸径的二次方乘以树高这三种参数因子来作为叶片生物量计算模型的自变量。

表 4-4　试验区不同树种及林分基本特征

树种	叶生物量方程	R^2	文献
油松	$\ln W_1 = -3.856\,41 + 0.763\,557\ln(D^2H)$	0.91	马钦彦，1989
侧柏	$W_1 = 0.000\,053\,49 + 0.000\,099\,7(D^2H)$	0.94	陈灵芝等，1986
栓皮栎	$\ln W_1 = -3.3569 + 0.605\,01\ln(D^2H)$	0.96	程堂仁等，2007
毛白杨	$W_1 = 0.1304(D^2H)$	0.99	宋日钦等，2010
刺槐	$\ln W_1 = -2.908\,72 + 0.457\,39\ln(D^2H)$	0.79	毕军等，1993

注：W_1 为叶生物量（kg）；D 为胸径（cm）；H 为树高（m）；R^2 为决定系数。

森林植被挥发物排放潜力代表整个林分 BVOCs 排放能力和通量的估算，能够反映某种树种林分整个区域的排放现状和排放量，具体计算模型为

$$E_p = E_S \times W_L \times D_{tree} \times 10^{-4}$$

式中，E_p 为排放潜力（$mg \cdot m^{-2} \cdot h^{-1}$）；$E_S$ 为标准排放速率（$\mu g \cdot g^{-1} \cdot h^{-1}$）；$W_L$ 为叶生物量（$kg \cdot 株^{-1}$）；D_{tree} 为叶密度（$株 \cdot hm^{-2}$）；10^{-4} 为量纲系数（$1hm^2 = 10^4 \ m^2$；$1mg = 10^3 \mu g$）。

为估算不同林分挥发物在区域尺度上的排放潜力，根据前人的研究成果中建立的叶生物量和树种结构参数模型，本研究中选测鹫峰山区分布最广的侧柏林来估算其排放潜力。根据刘维（2012）对鹫峰山区碳储量的估算研究显示，鹫峰地区油松林的密度为1377 株·hm^{-2}，根据此数据结合标准排放速率将其代入排放潜力计算公式就可以估算该地区侧柏林的排放潜力。需要注意的是，标准排放速率的计算要结合不同月份月均温度的变化，本书中采用中国气象数据共享网中的气象数据作为气象参数。

表4-5～表4-9为根据不同林分面积、叶面积密度和各树种BVOCs标准排放速率计算的油松、侧柏、栓皮栎、毛白杨和刺槐五种林分和单株在生长旺盛季节的排放潜力。可以看出，BVOCs排放潜力由高到低为：油松>侧柏>栓皮栎>毛白杨>刺槐，这说明油松和侧柏排放BVOCs能力较强，据估计全球范围内BVOCs总量达到$1150×10^6$ t C·a^{-1}，单萜烯约占BVOCs排放总量的11%，在对流层化学过程中起到重要作用，其在大气中较短的滞留时间和高反应活性是大气二次有机气溶胶的重要前体物，因此油松和侧柏在单萜烯的贡献必须得到重视，在城市园林绿化和造林工程中要考虑这些影响，从而达到效益和功能统筹兼顾。

表4-5　油松林单株和单位面积林分排放潜力

物质	排放潜力	
	mg·株$^{-1}$·h^{-1}	mg·m^{-2}·h^{-1} *
α-蒎烯	24.34	3.35
柠檬烯	12.84	1.77
β-月桂烯	16.23	2.24
α-法尼烯	12.57	1.73
β-蒎烯	5.97	0.82
β-石竹烯	5.53	0.76
萜品油烯	5.08	0.70
长叶烯	2.85	0.39
桉油精	2.59	0.36
莰烯	2.14	0.29
α-萜品烯	1.43	0.20

物质	排放潜力	
	$mg \cdot 株^{-1} \cdot h^{-1}$	$mg \cdot m^{-2} \cdot h^{-1}$ *
龙脑	1.25	0.17
桧烯	1.07	0.15
3-蒈烯	0.54	0.07
单萜烯	157.12	21.64

* 利用单株排放潜力（$mg \cdot 株^{-1} \cdot h^{-1}$）和林分密度（0.137 752 株·$m^{-2}$）计算。

表4-6　侧柏林单株和单位面积林分排放潜力

物质	排放潜力	
	$mg \cdot 株^{-1} \cdot h^{-1}$	$mg \cdot m^{-2} \cdot h^{-1}$ *
α-蒎烯	15.24	2.33
柠檬烯	8.04	1.23
β-月桂烯	10.16	1.55
α-法尼烯	7.87	1.20
β-蒎烯	3.74	0.57
β-石竹烯	3.46	0.53
萜品油烯	3.18	0.49
长叶烯	1.79	0.27
桉油精	1.62	0.25
莰烯	1.34	0.20
α-萜品烯	0.89	0.14
龙脑	0.78	0.12
桧烯	0.67	0.10
3-蒈烯	0.33	0.05
单萜烯	98.38	15.03

* 利用单株排放潜力（$mg \cdot 株^{-1} \cdot h^{-1}$）和林分密度（0.152 738 株·$m^{-2}$）计算。

表 4-7　栓皮栎林单株和单位面积林分排放潜力

物质	排放潜力	
	mg·株$^{-1}$·h^{-1}	mg·m^{-2}·h^{-1} *
α-蒎烯	7.01	0.62
柠檬烯	3.70	0.32
β-月桂烯	4.67	0.41
α-法尼烯	3.62	0.32
β-蒎烯	1.72	0.15
β-石竹烯	1.59	0.14
萜品油烯	1.46	0.13
长叶烯	0.82	0.07
桉油精	0.74	0.07
莰烯	0.62	0.05
α-萜品烯	0.41	0.04
龙脑	0.36	0.03
桧烯	0.31	0.03
3-蒈烯	0.15	0.01
单萜烯	45.24	3.97

＊利用单株排放潜力（mg·株$^{-1}$·h^{-1}）和林分密度（0.087 752 株·m^{-2}）计算。

表 4-8　毛白杨林单株和单位面积林分排放潜力

物质	排放潜力	
	mg·株$^{-1}$·h^{-1}	mg·m^{-2}·h^{-1} *
α-蒎烯	2.59	0.17
柠檬烯	1.36	0.09
β-月桂烯	1.72	0.11
α-法尼烯	1.34	0.09
β-蒎烯	0.63	0.04
β-石竹烯	0.59	0.04
萜品油烯	0.54	0.04
长叶烯	0.30	0.02

物质	排放潜力	
	mg·株$^{-1}$·h^{-1}	mg·m^{-2}·h^{-1} *
桉油精	0.27	0.02
莰烯	0.23	0.01
α-萜品烯	0.15	0.01
龙脑	0.13	0.01
桧烯	0.11	0.01
3-蒈烯	0.06	0.00
单萜烯	16.69	1.10

* 利用单株排放潜力 （mg·株$^{-1}$·h^{-1}） 和林分密度 （0.065 626 株·m^{-2}） 计算。

表 4-9　刺槐林单株和单位面积林分排放潜力

物质	排放潜力	
	mg·株$^{-1}$·h^{-1}	mg·m^{-2}·h^{-1} *
α-蒎烯	0.80	0.06
柠檬烯	0.42	0.03
β-月桂烯	0.53	0.04
α-法尼烯	0.41	0.03
β-蒎烯	0.20	0.01
β-石竹烯	0.18	0.01
萜品油烯	0.17	0.01
长叶烯	0.09	0.01
桉油精	0.09	0.01
莰烯	0.07	0.01
α-萜品烯	0.05	0.00
龙脑	0.04	0.00
桧烯	0.04	0.00
3-蒈烯	0.02	0.00
单萜烯	5.17	0.38

* 利用单株排放潜力 （mg·株$^{-1}$·h^{-1}） 和林分密度 （0.073 417 株·m^{-2}） 计算。

从植物生长季单萜烯不同成分排放潜力来看，油松、侧柏单株和单位面积林分 α-蒎烯和 β-月桂烯排放潜力较大，分别为 24.34mg·株$^{-1}$·h^{-1}、3.35mg·m^{-2}·h^{-1}，15.24mg·株$^{-1}$·h^{-1}、2.33mg·m^{-2}·h^{-1}，16.23mg·株$^{-1}$·h^{-1}、

$2.24mg \cdot m^{-2} \cdot h^{-1}$、$10.16mg \cdot 株^{-1} \cdot h^{-1}$、$1.55mg \cdot m^{-2} \cdot h^{-1}$。栓皮栎、毛白杨和刺槐单株和单位面积林分 α-蒎烯排放潜力较大，分别为 $7.01mg \cdot 株^{-1} \cdot h^{-1}$、$0.62mg \cdot m^{-2} \cdot h^{-1}$、$2.59mg \cdot 株^{-1} \cdot h^{-1}$、$0.17mg \cdot m^{-2} \cdot h^{-1}$ 和 $0.80mg \cdot 株^{-1} \cdot h^{-1}$、$0.06mg \cdot m^{-2} \cdot h^{-1}$。

图 4-6 是鹫峰山区全年不同林分单萜烯排放潜力变化。从图 4-6 中可以看出，全年单萜烯排放潜力油松林>侧柏林>栓皮栎林>毛白杨林>刺槐林。从不同季节排放潜力来看，夏季>秋季>春季>冬季，这在很大程度上是不同季节温度差异导致的（春季，12～33℃；夏季，22～41℃；秋季，10～25℃；冬季，-7～-8℃）。油松林和侧柏林单萜烯排放潜力最大是在 7 月（$1.32mg \cdot m^{-2} \cdot h^{-1}$ 和 $1.19mg \cdot m^{-2} \cdot h^{-1}$），最小是在 1 月（$0.13mg \cdot m^{-2} \cdot h^{-1}$ 和 $0.12mg \cdot m^{-2} \cdot h^{-1}$），夏季排放量远高于冬季，近乎 10 倍的差别。栓皮栎、毛白杨和刺槐单萜烯排放潜力最大均是在 7 月（$0.87mg \cdot m^{-2} \cdot h^{-1}$、$0.73mg \cdot m^{-2} \cdot h^{-1}$、$0.69mg \cdot m^{-2} \cdot h^{-1}$），最小均是在 12 月（$0.08mg \cdot m^{-2} \cdot h^{-1}$、$0.1mg \cdot m^{-2} \cdot h^{-1}$、$0.06mg \cdot m^{-2} \cdot h^{-1}$），上述几种林分夏季排放潜力都超过冬季 8 倍以上，这与 Lin 等（2015）研究结果基本一致，他们研究了台湾地区不同季节日本柳杉单萜烯排放潜力，研究发现夏季 7 月日本柳杉单萜烯排放潜力达最高（$1.13mg \cdot m^{-2} \cdot h^{-1}$），最低值出现在冬季 1 月（$0.14mg \cdot m^{-2} \cdot h^{-1}$），夏季排放潜力 8 倍于冬季。同样，Bao 等（2008）在日本 Kinki 地区研究了针叶林单萜烯排放潜力，针叶林主要由日本柳杉、日本扁柏和赤松组成，月均排放速率为 8×10^4 kt·月$^{-1}$，夏季 8 月的排放潜力为 $2.36mg \cdot m^{-2} \cdot h^{-1}$，并估算出异戊二烯和单萜烯在该地区的排放量为 596 t·h^{-1} 和 54t·h^{-1}。与本研究不同的是，一些植物单萜烯排放表现出不同的季节性差异，Hakola 等（1998）研究表明一些柳树和欧洲山杨单萜烯春季的排放量要高于夏季。本书及前人的一些关于植物单萜烯排放的研究都是基于树木枝条或树种植被系统尺度植物对温度和光照变化做出响应的短期监测研究，所以该方法由于缺乏对植物生长的整个季节的监测，尤其缺乏生长旺盛期的基本排放参数因子和将其标准化为适用于不同植物、不同植被类型和不同尺度林分的固定参数，导致长期的季节性监测存在一定的偏差。总之，本研究建立了一种基于正常条件下中午完整叶片挥发物采集和排放量估算的有效方法，但今后仍然有很多工作要做，要加强植物不同季节、物候期、不同树种和不同尺度 CO_2 浓度环境影响下的长期监测，这将有助于更加准确地估测植物源 BVOCs 排放清单并建立适合不同地区的排放谱库，为今后估计模拟 BVOCs 在区域或更大尺度上对大气环境质量效应，尤其是大气污染作用的模型化和参数化提供理论基础。

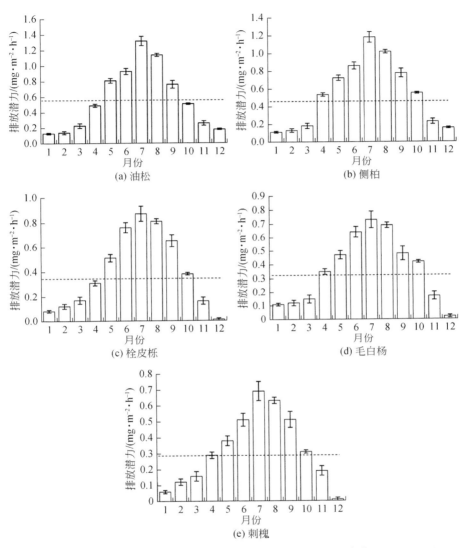

图 4-6　鹫峰山区全年不同林分单萜烯排放潜力变化

4.5　本章小结

　　本章主要探讨了不同树种 BVOCs 的排放速率及排放潜力，通过对比不同 BVOCs 排放速率特征、BVOCs 排放速率随大气温度和光照变化规律，明确了不同树种 BVOCs 排放速率、排放差异和时间变化规律。基于基本排放速率清单对其进行标准化，可以为估算不同尺度林分排放潜力提供数据基础。具体结论如下：

1）阔叶树种排放异戊二烯速率较高，其中毛白杨排放异戊二烯速率最大。针叶树种（油松、侧柏）主要排放单萜烯，单位叶面积油松排放 α-蒎烯、月桂烯和香芹烯速率较大，侧柏单位叶面积排放 α-蒎烯、柠檬烯和水芹烯速率较大。

2）BVOCs 排放速率与大气温度和光照变化趋势一致，随白天温度和光照的升高而增大到最大值，随夜晚温度和光照的降低而下降到最小值。其中，当温度在接近 12:00 出现最大值时，α-蒎烯、月桂烯、α-法尼烯和柠檬烯的排放速率也达到最大值，在凌晨 3:00～5:00 随温度降到最低时排放速率也下降到最小值。当光合有效辐射在 $600～800\mu mol \cdot m^{-2} \cdot s^{-1}$，单萜烯排放速率达到最大。

3）对不同 BVOCs 基本排放速率进行标准化，α-蒎烯（$0.273\mu g \cdot h^{-1} \cdot g^{-1}$）、柠檬烯（$0.144\mu g \cdot h^{-1} \cdot g^{-1}$）、$\beta$-月桂烯（$0.182\mu g \cdot h^{-1} \cdot g^{-1}$）、$\alpha$-法尼烯（$0.141\mu g \cdot h^{-1} \cdot g^{-1}$）的标准排放速率均超过了 $0.1\mu g \cdot h^{-1} \cdot g^{-1}$，而 β-蒎烯（$0.037\mu g \cdot h^{-1} \cdot g^{-1}$）、萜品油烯（$0.057\mu g \cdot h^{-1} \cdot g^{-1}$）、$\alpha$-萜品烯（$0.016\mu g \cdot h^{-1} \cdot g^{-1}$）、桧烯（$0.012\mu g \cdot h^{-1} \cdot g^{-1}$）和 3-蒈烯（$0.006\mu g \cdot h^{-1} \cdot g^{-1}$）的标准排放速率均低于 $0.1\mu g \cdot h^{-1} \cdot g^{-1}$。

4）单萜烯排放潜力对比，油松林>侧柏林>栓皮栎林>毛白杨林>刺槐林。从不同季节排放潜力来看，夏季>秋季>春季>冬季，夏季排放潜力超过冬季 8 倍以上。从全年不同月份排放潜力来看，油松林、侧柏林、栓皮栎林、毛白杨林和刺槐林单萜烯排放潜力最大均是在 7 月（$1.32mg \cdot m^{-2} \cdot h^{-1}$、$1.19mg \cdot m^{-2} \cdot h^{-1}$、$0.87mg \cdot m^{-2} \cdot h^{-1}$、$0.73mg \cdot m^{-2} \cdot h^{-1}$、$0.69mg \cdot m^{-2} \cdot h^{-1}$），最小是在 1 月或 12 月（$0.13mg \cdot m^{-2} \cdot h^{-1}$、$0.12mg \cdot m^{-2} \cdot h^{-1}$、$0.08mg \cdot m^{-2} \cdot h^{-1}$、$0.1mg \cdot m^{-2} \cdot h^{-1}$、$0.06mg \cdot m^{-2} \cdot h^{-1}$）。

| 5 |　　京津冀地区森林植被挥发性有机化合物排放清单构建

近年来，京津冀地区的大气颗粒物污染显著降低，但是臭氧的浓度有所上升，尤其每年 5～8 月，臭氧成为空气主要污染物。对人为源挥发性有机化合物的排放进行治理的同时，植物源挥发性有机化合物的影响也需要有一个较为准确的评估。本章将采用 G93 算法计算得到京津冀地区的 BVOCs 排放量的时空变化，为该区域的大气污染防治和森林工程提供支撑。

5.1　森林植被分布

5.1.1　森林植被分布特点

河北省地处华北，位于漳河以北，东临渤海、内环京津，总面积 18.88 万 km²，高原、山地、丘陵、盆地、平原等地貌类型齐全，有坝上高原、燕山和太行山山地、河北平原三大地貌单元。截至 2018 年底，全省森林面积 9618 万亩①，森林覆盖率 34%，森林蓄积量 1.64 亿 m³。森林资源主要分布在冀北、冀西北山地、太行山区和坝上地区。森林植被类型主要有寒温性针叶林、温性针叶林、温性针阔混交林和落叶阔叶林。高原植被包括华北落叶松、油松、白扦、白桦、蒙古栎、杞柳、枸杞、沙棘、柠条锦鸡儿、柽柳、山杏等。平原植被以杨、柳、榆、椿、泡桐等为常见树种。

北京全市辖 16 个区，其中，城区 6 个（东城、西城、朝阳、海淀、丰台、石景山），远郊区 10 个（平谷、密云、怀柔、延庆、昌平、门头沟、房山、大兴、通州、顺义）。全市林地面积 1 046 096.37hm²，林木绿化率为 52.60%，森

---

① 1 亩 ≈ 666.7m²。

林覆盖率为 36.70%。其中有林地为 658 914.08hm²，占林地面积的 62.99%；灌木林地为 305 808.43hm²，占林地面积的 29.23%；疏林地 5576.31hm²，占林地面积的 0.53%；未成林地 21 103.88hm²，占林地面积的 2.02%；苗圃地 16 900.89hm²，占林地面积的 1.62%；无立木林地 4836.40hm²，占林地面积的 0.46%；宜林地 32 757.76hm²，占林地面积的 3.13%；林业辅助生产用地 198.62hm²，占林地面积的 0.02%。受暖温带大陆性季风气候的影响，北京的地带性植被类型为暖温带落叶阔叶林，气候顶极群落为松栎混交林，植被种类组成丰富、类型多样，次生植物群落占优势，山地植被具有明显的垂直分布。但由于北京的开发历史悠久，生产活动频繁，对植物的结构和分布有巨大的影响。从植被现状看，山地植被垂直分布可分为低山落叶阔叶灌丛和灌草丛带、中山下部松栎林带、中山上部桦树林带和山顶草甸带，天然分布的树种主要包括油松、侧柏、栓皮栎、桦树、山杨、槲树、槲栎、核桃楸等。山间盆地及沟谷地带生长有杨、柳、榆、桑、核桃楸、板栗、柿树等。北京地区人工栽植的树种主要有油松、侧柏、落叶松、刺槐、杨、柳、国槐、椿树、栾树、黄栌、火炬树、元宝枫、银杏、法国梧桐等。在山间河流、库塘等地发育着湿生和水生植物；平原河岸两旁局部洼地发育着以芦苇、香蒲等为主的湿生植被。

北京森林植被资源丰富，主要以阔叶树、针叶树为主。但其中纯林居多，林分稳定性和质量较差。主要的优势树种有毛白杨、栓皮栎、华北落叶松、国槐、山桃、杜仲、白蜡、刺槐、油松、白皮松等。

5.1.2 各类森林优势树种的分布

河北省森林资源中，人工林面积达 263.54 万 hm²，占森林面积的 51.40%，人工林蓄积量为 7263.16 万 m³，占森林蓄积量的 52.87%；天然林面积 239.15 万 hm²，占森林面积的 48.60%，天然林蓄积量为 6474.82 万 m³，占森林蓄积量的 47.13%。乔木林按优势树种（组）针阔属性归类为针叶林、阔叶林、针阔混交林三类。针叶林、阔叶林、针阔混交林面积占乔木林面积比例分别为 19.23%、80.73% 和 0.04%。针叶树种主要包括云杉、落叶松、樟子松、油松、柏木等，阔叶树种主要包括栎类、白桦、枫桦、胡桃楸、榆树、刺槐、椴树、杨树、柳树、泡桐等。乔木林各优势树种（组）中，面积排前三位的是栎类、杨树和油松，分别占乔木林面积的 16.30%、14.40% 和 10.04%（张璐等，2018）。

北京市各个区的植被分布不均，全市森林主要分布在密云、怀柔、延庆、平谷等区，森林面积最大的是密云区，为 127 476.36hm²，占全市森林面积的 19.35%。经济林主要分布在密云、平谷、怀柔、昌平等区，密云区经济林面积最大，为 30 232.26hm²，占全市经济林面积的 19.56%。从优势树种看，城六区的优势树种依次是槐、毛白杨、侧柏、旱柳、黑枣；昌平区的优势树种有油松、侧柏、毛白杨、麻核桃、蒙古栎等；延庆区的优势树种有油松、毛白杨、垂柳、旱柳、槐、侧柏、白蜡；怀柔区的优势树种有白桦、蒙古栎、油松、毛白杨、栓皮栎等；密云区的优势树种有毛白杨、油松、侧柏、柿子树、枣树、玉兰树、银杏树、梧桐树、榆树、梨树、核桃树；平谷区的优势树种有油松、侧柏、毛白杨、白皮松、白桦等；顺义区的优势树种有侧柏、毛白杨、油松、白皮松、栓皮栎等；大兴区、房山区的优势树种有毛白杨、油松、侧柏、白皮松、白桦等；门头沟区的优势树种有油松、毛白杨、白皮松、白桦、侧柏、落叶松、冷杉等；通州区的优势树种有毛白杨、槐、油松、侧柏等。

5.2　优势物种蓄积量

2015 年河北省全省森林总蓄积量约为 $1.26 \times 10^8 \mathrm{m}^3$，各下辖市蓄积量统计结果如下：保定市乔木优势树种蓄积量约为 $1021.1 \times 10^4 \mathrm{m}^3$，沧州市、承德市、邯郸市、衡水市、廊坊市、秦皇岛市、石家庄市、唐山市、邢台市、张家口市分别为 $137.9 \times 10^4 \mathrm{m}^3$、$5591.9 \times 10^4 \mathrm{m}^3$、$227.8 \times 10^4 \mathrm{m}^3$、$320.9 \times 10^4 \mathrm{m}^3$、$206.1 \times 10^4 \mathrm{m}^3$、$387.7 \times 10^4 \mathrm{m}^3$、$455.3 \times 10^4 \mathrm{m}^3$、$1357.9 \times 10^4 \mathrm{m}^3$、$447.3 \times 10^4 \mathrm{m}^3$ 和 $2417.6 \times 10^4 \mathrm{m}^3$。

表 5-2 为京津冀地区杨树、桦树、油松、柞树（栎树）、刺槐、柳树、榆树、侧柏蓄积量分布情况。由表 5-2 可以较为直观地看出各树种在各城市的分布状况，其中杨树在张家口、唐山、承德分布较多，蓄积量均大于 $700 \times 10^4 \mathrm{m}^3$；桦树则主要分布在承德、张家口以及北京，均大于 $100 \times 10^4 \mathrm{m}^3$，承德的桦树蓄积量达 $1900 \times 10^4 \mathrm{m}^3$ 以上；柞树（栎树）主要分布于承德和北京，承德柞树蓄积量大于 $700 \times 10^4 \mathrm{m}^3$；刺槐以石家庄、北京、保定和唐山市居多，蓄积量均大于 $50 \times 10^4 \mathrm{m}^3$；对于柳树来说，除唐山的蓄积量过百万立方米外，其余城市蓄积量均较小；榆树蓄积量在各城市的分布均小于 $50 \times 10^4 \mathrm{m}^3$，最大的为张家口；油松和侧柏是京津冀地区最常见的两种常绿乔木，油松在京津冀地区的分布较为广泛，除蓄积量最大的承德（$1200 \times 10^4 \mathrm{m}^3$ 以上）外，北京、保定、秦皇岛及唐山四个城市的油松蓄积量也都达到 $100 \times 10^4 \mathrm{m}^3$ 以上；侧柏作为北京的主要优势树种，在北

京的蓄积量大于 $300\times10^4\mathrm{m}^3$，北京为京津冀地区侧柏蓄积量最大的城市。杨树是天津的主要优势树种，在天津的蓄积量为 $276.12\times10^4\mathrm{m}^3$。

表 5-2　京津冀地区各优势树种蓄积量　　（单位：$\times10^4\mathrm{m}^3$）

城市	杨树	桦树	油松	柞树 （栎树）	刺槐	柳树	榆树	侧柏
北京	181.72	101.81	450.44	369.24	85.37	0.00	0.00	346.72
天津	276.12	0.00	17.58	24.74	3.27	0.00	13.23	1.99
保定	422.58	44.30	178.90	87.54	64.01	12.44	3.12	9.56
沧州	25.79	0.00	0.03	0.00	20.40	18.06	7.92	0.03
承德	763.27	1915.30	1218.55	759.94	34.80	3.74	38.43	10.86
邯郸	48.96	1.21	20.06	9.75	11.84	7.74	8.56	7.61
衡水	109.59	0.00	0.51	0.00	11.63	24.46	9.07	0.04
廊坊	135.78	0.00	0.09	0.00	5.33	8.27	6.68	0.01
秦皇岛	61.88	6.65	244.58	46.72	15.68	2.74	0.30	0.18
石家庄	164.16	8.39	68.79	42.64	100.07	5.67	2.39	4.59
唐山	842.11	0.00	178.25	5.09	87.71	125.52	0.50	9.29
邢台	88.26	0.00	19.91	160.33	39.94	17.64	6.60	1.86
张家口	1512.29	438.00	88.51	183.42	0.53	19.74	49.35	2.41

注：数据均由全国二类森林资源调查数据统计得出。

5.3　各地区各优势树种叶生物量

由蓄积量及叶生物量计算参数经 G93 模型中的计算公式计算得出森林活立木叶生物量，其中 2015 年河北省森林活立木叶生物量约为 8400Gg C，河北省 11 个城市中，叶生物量按照由大到小的顺序依次为：承德市（5605Gg C）、保定市（5207Gg C）、张家口市（807Gg C）、唐山市（492Gg C）、秦皇岛市（196Gg C）、邢台市（191Gg C）、衡水市（187Gg C）、石家庄市（183Gg C）、邯郸市（111Gg C）、廊坊市（59Gg C）、沧州市（48Gg C）。

由图 5-1 可知，优势树种分布特征较为明显的为衡水、廊坊、秦皇岛、唐山、邢台以及张家口，其中衡水与廊坊的杨树叶生物量占优势树种总叶生物量的比例大于 60%，秦皇岛的油松叶生物量占总优势树种中的 70% 以上，邢台的柞树是叶生物量占比最大的优势树种（其占比达到 50% 以上），唐山和张家口的杨树叶生物量占比均在50%左右。

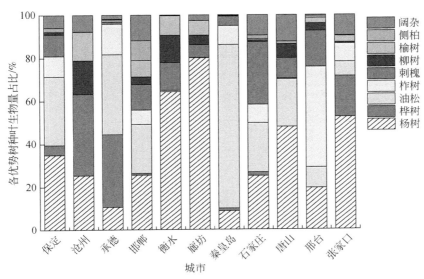

图 5-1　河北省各城市不同优势树种叶生物量占叶生物总量的比例

如表 5-3 所示，叶生物量由于季节的不同也会产生相应的变化，对于常绿乔木来说，冬季与其他季节差异不大；对于落叶乔木来说，冬季随着树叶的凋零，落叶乔木的叶生物量是一年当中最小的时候，秋季叶生物量略小于夏季，春季次之，总体呈现为冬季<春季<秋季<夏季。

由表 5-3 可知，承德与张家口冬季与夏季叶生物量差异均较大，主要原因可能是承德与张家口的优势树种以落叶乔木居多；而北京、秦皇岛夏季与冬季叶生物量差异不甚明显，则是由于北京、秦皇岛两地的常绿乔木种植比例要大于承德与张家口的种植比例。

表 5-3　各地区优势树种总生物量季节变化　　　　　　（单位：gC）

城市	春季	夏季	秋季	冬季
北京	2.77451×10^{12}	3.52104×10^{12}	3.07312×10^{12}	2.02797×10^{12}
石家庄	6.96883×10^{11}	1.02854×10^{12}	8.31228×10^{11}	3.64306×10^{11}
保定	8.41045×10^{11}	1.3365×10^{12}	1.03923×10^{12}	3.45586×10^{11}
沧州	1.14282×10^{11}	2.24118×10^{11}	1.5995×10^{11}	1.12704×10^{8}
承德	4.89392×10^{12}	7.53026×10^{12}	5.9518×10^{12}	2.24921×10^{12}
邯郸	1.76076×10^{11}	3.00784×10^{11}	2.25959×10^{11}	5.13675×10^{10}

续表

城市	春季	夏季	秋季	冬季
衡水	$2.338\ 65\times10^{11}$	$4.667\ 23\times10^{11}$	$3.270\ 08\times10^{11}$	$1.006\ 94\times10^{9}$
廊坊	$3.235\ 37\times10^{11}$	$6.468\ 87\times10^{11}$	$4.528\ 77\times10^{11}$	$1.875\ 65\times10^{8}$
秦皇岛	$5.232\ 87\times10^{11}$	$5.989\ 86\times10^{11}$	$5.535\ 67\times10^{11}$	$4.475\ 88\times10^{11}$
唐山	$9.243\ 95\times10^{11}$	$1.504\ 91\times10^{12}$	$1.156\ 6\times10^{12}$	$3.438\ 8\times10^{11}$
张家口	$1.273\ 36\times10^{12}$	$2.380\ 22\times10^{12}$	$1.716\ 1\times10^{12}$	$1.664\ 93\times10^{11}$
邢台	$3.383\ 85\times10^{11}$	$6.367\ 66\times10^{11}$	$4.577\ 37\times10^{11}$	$4.000\ 47\times10^{10}$

5.4 优势物种挥发性有机化合物
排放清单构建

5.4.1 排放清单构建方法

排放清单是指各种排放源，如燃烧过程、工业生产过程等，在一定时间内向大气排放的污染物的量的集合。美国环境保护署（EPA）将其定义为某特定区域大气环境中的各类污染源在一定时间间隔内所排放的各种污染物排放量的综合列表。

按照排放源的性质，清单可分为天然源排放清单和人为源排放清单两类。按照覆盖地域尺度，清单又可分为全球排放清单、区域排放清单和局地排放清单三类。根据排放源的流动性，可以将大气污染物排放源分为固定源和流动源。根据排放源的物理形状，将排放源分为点源、线源和面源。

目前，排放清单的建立方法主要有以下几种：实测法、物料守恒法、排放系数法、模型法等，其中排放系数法是最常用的方法。实测法主要通过测量获得源排放信息，如流速、流量和浓度等。物料守恒法是基于物质守恒原理计算生产过程中污染物的产生。排放系数法是用单位或人为活动（如能源消耗、产品产量和车辆运行里程等）所排放的污染物量的平均值来进行总排放量估算，较适用于监测数据不够详尽或清单要求精度不高的情况。模型法是采用排放模型模拟污染物的排放。

EPA 于 1970 年就发布了美国主要大气污染物排放因子并逐步建立了排放因

子数据库 AP-42，用于污染物清单的估算。此外，EPA 自 1990 年起建立了美国污染物排放清单，并每三年更新一次。欧洲环保署（EEA）同样编制了排放清单建立指南并测量了当地排放因子，指导整个欧洲的排放源清单的开发工作。近年来，国外学者也比较关注欧洲和中国的排放清单。例如，Aardenne 等（1999）以 1990 年亚洲的能源消耗为基础数据，估算了亚洲 1990 年的 NO_x 排放量，并推测了 1990~2020 年亚洲的 NO_x 排放情况。美国航空航天局（NASA）的 TRACE-P（Transport and Chemical Evolution over the Pacific）项目研制了 2000 年亚洲地区 1°×1°的排放清单，利用航天器在西太平洋上空进行的实验及地面观测站、卫星接收站和模型研究提供的数据计算污染物排放量，将该清单更新至 2006 年（Streets et al.,2006），空间精度为 0.5°×0.5°。国外学者的研究工作在我国排放源的开发工作中起到了较好的推动作用，但是这些清单关注的都是大区域，空间精度较小，而且活动数据大部分是基于统计年鉴的数据，因此排放清单的精度不够。

我国学者对排放源清单的研究起步较晚。王兴平等（1998）根据统计年鉴中的污染物排放相关的活动数据，估算了 1991 年和 1992 年中国 SO_2 的排放清单，空间精度为 1°×1°。这一阶段的研究由于污染源考虑的不全面，可获得排放源活动数据有限，本地化排放因子较少，对大气排放源排放的分类较粗糙，清单中估算的污染物种类较少且不确定性较高。近年来，我国学者在排放清单研究上，对排放源的分类比以前更细致，并开展了一些本地排放因子的测试工作，并关注多种污染物。例如，尽可能多地利用本地化的排放因子，采用自下而上的方法估算 2001 年我国主要人为源颗粒排放源清单；空间精度为 1km×1km，包括多种移动污染源的上海市空气污染排放清单；以成都经济圈为研究区域，基于排放因子法建立了空间精度为 4km，时间精度为 1h 的点、面、线源的排放清单；根据统计年鉴上的数据，能源消耗，工业及生活相关的数据研究使用排放因子法建立华北地区空间分辨率为 0.1°×0.1°的污染物清单。

我国燃煤发电厂每年消耗的煤炭量约占煤炭总消耗量的一半，产生了大量的空气污染物。2012 年全国约 33%的 NO_x、23%的 SO_2、8%的颗粒物、3%的 CO 和低于 1%的非甲烷有机性挥发物产生于燃煤发电厂。虽然我国电厂排放清单的建立较为精确，但是我国燃煤电厂排放清单大多数采用的是固定排放因子，锅炉类型及锅炉大小分类较粗，并忽略了净化方法对污染物净排放速率的巨大影响。综上所述，我国目前在大气排放源清单的研究方面依然存在一些不足，主要体现在排放源清单编制方法和排放因子的数据来源等方面都不够规范和统一，排放源和活动水平相关信息不够全面和详尽以及空间分辨率较低导致估算的排放清单不确定性较大，不利于区域污染物的有效控制和研究。因此，有必要采用比较可靠、规范的方法建立高精度污染物排放清单。

本章采用 G93 模型来估算 BVOCs 排放量，将森林排放的 BVOCs 分为异戊二烯、单萜烯和其他 VOCs 三类，其中排放速率是根据实验中动态顶空采样法实际测量得到的，并在实验过程中记录光照、温度等环境因素数据进行校正，得到在该实验条件下所测树种的标准排放因子。排放量的计算则根据标准排放因子、所求时间段的环境参数以及各市（区）植被的叶生物量数据，依照 G93 模型中的排放量计算公式进行计算，并依此建立京津冀地区各城市 2015 年植物源挥发性有机化合物排放清单。

5.4.2　优势森林植被挥发性有机化合物排放清单

1. 北京市森林 BVOCs 排放清单

北京地处华北平原北部，东邻天津，其余均与河北相邻，是中国的政治、文化、国际交往与科技创新中心。北京市 2015 年 BVOCs 年排放总量为 347 12.43t（表 5-4）。其中异戊二烯、单萜烯和其他 VOCs 排放量分别为 4232.19t、28 180.23t 和 2300.01t。密云区、顺义区由于具有较高的植被生物量，其 BVOCs 年排放量较高，分别为 6661.91t、6582.23t。

表 5-4　北京市 2015 年 BVOCs 年排放量　　　　（单位：t）

市区	异戊二烯	单萜烯	其他 VOCs	合计
城六区	168.48	964.44	79.28	1 212.20
延庆区	661.48	2 128.25	202.78	2 992.51
昌平区	56.79	1 059.01	64.25	1 180.05
怀柔区	515.50	933.69	209.47	1 658.66
密云区	470.65	5 875.99	315.28	6 661.91
平谷区	154.93	4 075.38	191.42	4 421.73
门头沟区	341.48	1 079.00	103.71	1 524.19
房山区	181.68	2 044.22	136.79	2 362.68
顺义区	478.31	5 665.65	438.27	6 582.23
大兴区	252.41	1 794.69	130.55	2 177.66
通州区	950.48	2 559.91	428.21	3 938.61
合计	4 232.19	28 180.23	2 300.01	34 712.43

2. 保定市森林 BVOCs 排放清单

保定市 2015 年 BVOCs 年排放总量为 14 641.72t（表 5-5）。其中异戊二烯、单萜烯和其他 VOCs 排放量分别为 10 128.97t、2365.93t 和 2146.84t。在异戊二烯的排放中，贡献率较高的优势树种为杨树、栎树和刺槐，其贡献率分别为 14.62%、14.38% 和 11.19%。在单萜烯的排放中，贡献率较高的树种为油松、杨树和侧柏，其贡献率分别为 78.37%、5.47% 和 4.16%。而在其他 VOCs 的排放中，贡献率较高的树种是油松、杨树、刺槐与栎树，其贡献率分别为 25.57%、23.06%、9.22%、8.97%。

表 5-5 保定市 2015 年 BVOCs 年排放量

| 树种 | 异戊二烯 | | 单萜烯 | | 其他 VOCs | | 总 BVOCs | |
	排放量 /t	贡献率 /%	排放量 /t	贡献率 /%	排放量 /t	贡献率 /%	排放量 /t	贡献率 /%
杨树	1 480.96	14.62	129.51	5.47	495.03	23.06	2 105.50	14.38
刺槐	1 133.89	11.19	88.49	3.74	197.84	9.22	1 420.22	9.70
栎树	1 456.20	14.38	20.86	0.88	192.52	8.97	1 669.58	11.40
榆树	649.98	6.42	21.73	0.92	83.47	3.89	755.18	5.16
桦树	708.45	6.99	21.22	0.90	132.75	6.18	862.42	5.89
柳树	748.74	7.39	20.86	0.88	89.08	4.15	858.68	5.86
侧柏	649.54	6.41	98.52	4.16	104.77	4.88	852.83	5.82
油松	858.30	8.47	1 854.19	78.37	548.94	25.57	3 261.43	22.27
阔杂	649.07	6.41	20.86	0.88	78.21	3.64	748.14	5.11
灌丛	1 793.84	17.71	89.69	3.79	224.23	10.44	2 107.76	14.40
合计	10 128.97	100.00	2 365.93	100.00	2 146.84	100.00	14 641.74	100.00

注：1. 单萜烯主要为 α-蒎烯、β-蒎烯、β-月桂烯、D-柠檬烯、3-蒈烯。

2. 阔杂泛指阔叶树种（包含椴树、泡桐、楸树、白蜡等）。

由图 5-2 可以看出，6～8 月为排放量最高的 3 个月份，当 10 月入秋之后到次年春季，由于落叶乔木逐渐凋零，常绿乔木受光照温度影响排放量也大幅下降，全年排放量在 10 月至次年 3 月达到低谷，由 4 月起树木进入发芽阶段开始逐渐上升，至 6 月达到顶峰。保定市作为大气污染传输通道城市，应避免种植大量排放大气化学反应活性高的 BVOCs 的树种，如杨树、油松等异戊二烯、单萜烯排放量贡献率较高的树种，而对大气化学反应活性较小的且排放对人体健康有益的 BVOCs 组分的树种可以考虑加大种植数量，如排放 D-柠檬烯较多的树种楸树。

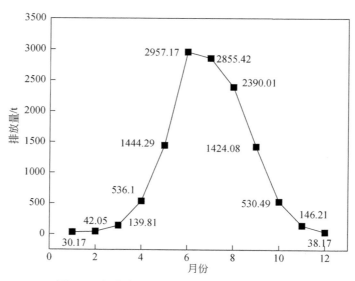

图 5-2　保定市 BVOCs 排放量随月份变化曲线

3. 沧州市森林 BVOCs 排放清单

由表 5-6 可以看出，沧州市 2015 年 BVOCs 年排放总量为 1683.95t，其中异戊二烯、单萜烯和其他 VOCs 排放量分别为 1061.52t、54.03t 和 568.4t。在异戊二烯的排放中，贡献率较高的优势树种为刺槐、柳树和杨树，其贡献率分别为 22.70%、21.71% 和 12.26%。在单萜烯的排放中，贡献率较高的树种为刺槐、杨树和榆树，其贡献率分别为 46.22%、17.29% 和 8.72%。在其他 VOCs 的排放中，贡献率较高的树种是杨树和刺槐，其贡献率分别为 74.91% 和 8.60%，其余树种对于异戊二烯、单萜烯以及其他 VOCs 排放量的贡献均低于优势树种。由此可以看出，沧州市的优势树种为杨树、刺槐和柳树，对总 BVOCs 的排放量的贡献率分别为 33.57%、18.69% 和 15.34%。

表 5-6　沧州市 2015 年 BVOCs 年排放量

树种	异戊二烯		单萜烯		其他 VOCs		总 BVOCs	
	排放量 /t	贡献率 /%	排放量 /t	贡献率 /%	排放量 /t	贡献率 /%	排放量 /t	贡献率 /%
杨树	130.14	12.26	9.34	17.29	425.79	74.91	565.27	33.57
刺槐	240.92	22.70	24.97	46.22	48.90	8.60	314.79	18.69

树种	异戊二烯		单萜烯		其他 VOCs		总 BVOCs	
	排放量 /t	贡献率 /%	排放量 /t	贡献率 /%	排放量 /t	贡献率 /%	排放量 /t	贡献率 /%
栎树	75.92	7.15	2.39	4.42	8.97	1.58	87.28	5.18
榆树	78.38	7.38	4.71	8.72	22.94	4.04	106.03	6.30
桦树	21.67	2.04	1.13	2.09	8.97	1.58	31.77	1.89
柳树	230.41	21.71	2.39	4.42	25.49	4.48	258.29	15.34
侧柏	15.34	1.45	2.67	4.94	9.07	1.60	27.08	1.61
油松	96.75	9.11	3.94	7.29	9.05	1.59	109.74	6.52
阔杂	169.95	16.01	2.39	4.42	8.97	1.58	181.31	10.77
灌丛	2.04	0.19	0.10	0.19	0.25	0.04	2.39	0.14
合计	1061.52	100.00	54.03	100.00	568.40	100.00	1683.95	100.00

沧州市作为与山东省相邻的城市，在东南部传输通道中发挥着重要作用，沧州市刺槐对异戊二烯的排放量贡献率达 22.70%，单萜烯排放量贡献率则将近 50%，基于其较大的蓄积量以及对各类 BVOCs 排放量的贡献率，本书建议在今后的绿化种植中可以适当减少刺槐的种植数量，增加桦树、栎树等贡献率较小的树种，丰富沧州市的绿化配置多样性，从植被挥发物排放情况的角度改善空气质量现状。

由图 5-3 可以看出，全年 12 个月中排放量较高的月份为 6 月、7 月和 8 月，其中 6 月 BVOCs 排放量为 398.26t，7 月、8 月排放量分别为 396.84t 和 334.22t。由于沧州市常绿乔木蓄积量较小，对应的叶生物量也较少，以至于沧州市冬季 BVOCs 排放量几乎为零，由图 5-3 可知，全年排放量最低的月份为 12 月、1 月、2 月，排放量均为 0.01t。

4. 承德市森林 BVOCs 排放清单

由表 5-7 可以看出，承德市 2015 年 BVOCs 年排放总量为 98 299.67t，是河北省年排放量最大的城市，占河北省年排放总量的 64.61%。其中异戊二烯、单萜烯以及其他 VOCs 排放量分别为 80 711.36t、11 877.57t 和 5710.75t，在承德市总 BVOCs 中的贡献率分别为 82.11%、12.08% 和 5.81%，可见异戊二烯是承德市的主要 BVOCs 成分。在异戊二烯的排放中，贡献率较高的优势树种有栎树、桦树、杨树、油松和刺槐，其贡献率分别为 15.38%、11.76%、10.89%、10.81% 和 9.88%。在单萜烯的排放中贡献率较高的树种为油松和杨树，其贡献

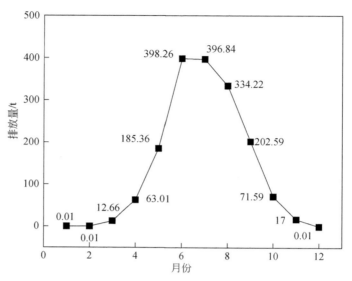

图 5-3　沧州市 BVOCs 排放量随月份变化曲线

率分别为 78.16% 和 3.57%。对其他 VOCs 排放量的贡献率较高的树种是油松、桦树、栎树和杨树，其贡献率分别为 40.49%、30.34%、12.77% 和 9.69%，其余树种对于其他 VOCs 排放量的贡献均小于优势树种。在承德市总 BVOCs 排放量中，贡献率较大的树种有油松、栎树、桦树和杨树，其对总 BVOCs 的贡献率分别为 20.67%、13.66%、11.71% 和 9.94%。

表 5-7　承德市 2015 年 BVOCs 年排放量

树种	异戊二烯		单萜烯		其他 VOCs		总 BVOCs	
	排放量 /t	贡献率 /%	排放量 /t	贡献率 /%	排放量 /t	贡献率 /%	排放量 /t	贡献率 /%
杨树	8 789.35	10.89	423.61	3.57	553.51	9.69	9 766.47	9.94
刺槐	7 972.66	9.88	306.41	2.58	48.06	0.84	8 327.13	8.47
栎树	12 417.31	15.38	279.39	2.35	729.47	12.77	13 426.17	13.66
榆树	7 806.31	9.67	287.28	2.42	47.78	0.84	8 141.37	8.28
桦树	9 490.95	11.76	290.94	2.45	1 732.82	30.34	11 514.71	11.71
柳树	7 818.7	9.69	279.39	2.35	2.67	0.05	8 100.76	8.24
侧柏	7 799.28	9.66	343.01	2.89	22.02	0.39	8 164.3	8.31
油松	8 721.79	10.81	9 283.35	78.16	2 312.14	40.49	20 317.28	20.67

树种	异戊二烯		单萜烯		其他 VOCs		总 BVOCs	
	排放量/t	贡献率/%	排放量/t	贡献率/%	排放量/t	贡献率/%	排放量/t	贡献率/%
阔杂	7 798.93	9.66	279.39	2.35	0.27	0.00	8 078.59	8.22
灌丛	2 096.08	2.60	104.8	0.88	262.01	4.59	2 462.89	2.51
合计	80 711.36	100.00	11 877.57	100.00	5 710.75	100.00	98 299.67	100.00

由图 5-4 可以看出，由于承德市常绿乔木蓄积量较多，受光照以及温度等环境因素影响较小，入秋后树叶虽然凋零，排放量受光照温度影响也大幅下降，但由于其蓄积量较大，排放量也并未降至零点，冬季依旧保持在每月 100t 以上的排放量。

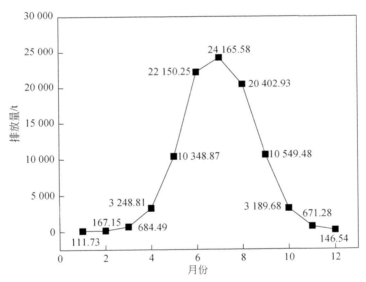

图 5-4　承德市 BVOCs 排放量随月份变化曲线

承德市位于河北省的东北部，有许多天然林场，空气质量仅次于张家口市，承德市各树种在异戊二烯排放量贡献率上的差异较小，优势树种贡献率间的变化范围基本在 5% 左右，单萜烯贡献率最大的为油松，与其他树种的贡献率差异明显，油松是挥发物中 D-柠檬烯含量较高的树种，且此类单萜烯对人体健康有正面影响，但由于单萜类挥发物有较高的大气化学反应活性，其气溶胶生成系数也比异戊二烯高，故在今后的种植中还是应考虑平衡单萜烯排放量，多种植一些单萜烯贡献率及排放速率较小的树种，如竹子、桦树、榆树、国槐等单萜烯排放速率小、异戊二烯贡献率也不是很高的树种。

5. 邯郸市森林 BVOCs 排放清单

邯郸市 2015 年 BVOCs 年排放总量为 3280.81t，其中异戊二烯、单萜烯和其他 VOCs 排放量分别为 2473.85t、365.04t 和 441.92t（表 5-8）。

由表 5-8 可以看出，在异戊二烯的排放中，贡献率较高的优势树种为杨树、栎树、刺槐、柳树和油松，其贡献率分别为 11.25%、11.01%、11.00%、9.97% 和 8.55%。单萜烯排放贡献率较高的树种为油松和侧柏，其贡献率分别为 56.47% 和 18.20%。对其他 VOCs 排放量中贡献率较高的树种是油松、杨树、刺槐与侧柏，其贡献率分别为 17.01%、15.88%、10.20% 和 10.05%。总体来看，邯郸市优势树种为杨树、刺槐和油松，其对于总 BVOCs 的贡献率分别为 11.18%、10.23% 和 15.02%。

表 5-8　邯郸市 2015 年 BVOCs 年排放量

树种	异戊二烯		单萜烯		其他 VOCs		总 BVOCs	
	排放量 /t	贡献率 /%	排放量 /t	贡献率 /%	排放量 /t	贡献率 /%	排放量 /t	贡献率 /%
杨树	278.25	11.25	18.44	5.05	70.19	15.88	366.88	11.18
刺槐	272.09	11.00	18.36	5.03	45.09	10.20	335.55	10.23
栎树	272.27	11.01	6.37	1.75	36.08	8.16	314.72	9.59
榆树	192.01	7.76	8.66	2.37	37.69	8.53	238.36	7.27
桦树	191.21	7.73	6.38	1.75	25.30	5.73	222.89	6.79
柳树	246.69	9.97	6.37	1.75	30.36	6.87	283.41	8.64
侧柏	190.07	7.68	66.44	18.20	44.41	10.05	300.92	9.17
油松	211.43	8.55	206.14	56.47	75.17	17.01	492.74	15.02
阔杂	189.72	7.67	6.37	1.75	23.87	5.40	219.96	6.70
灌丛	430.11	17.39	21.51	5.89	53.76	12.17	505.38	15.40
合计	2473.85	100.00	365.04	100.00	441.92	100.00	3280.81	100.00

由图 5-5 可以看出，全年 12 个月中排放量较高的月份为 6 月、7 月和 8 月，其中 6 月 BVOCs 排放量为 654.39t，7 月、8 月排放量分别为 657.6t 和 534.69t。全年排放量最低的月份为 1 月，排放量为 4.93t。

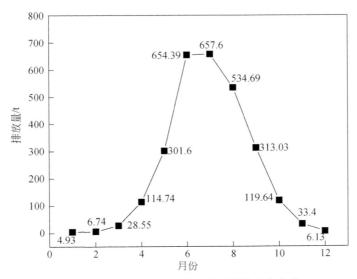

图 5-5　邯郸市 BVOCs 排放量随月份变化曲线

邯郸市位于西南走向的传输通道上，是河北省与河南省的交界城市，邯郸市空气质量在 2016 年河北省排名为倒数第二，PM$_{2.5}$年均值 114.2μg·m^{-3}，在 2016 年中国十大雾霾城市中排名第四。基于邯郸市特殊的地理位置，其空气质量状况不容忽视，应考虑避免种植杨树、油松等大气化学反应活性大的挥发物排放树种，多考虑桦树、椴树、榆树等 BVOCs 排放速率较小的树种。

6. 衡水市森林 BVOCs 排放清单

由表 5-9 可以看出，衡水市 2015 年 BVOCs 年排放总量为 5985.57t，其中异戊二烯、单萜烯和其他 VOCs 排放量分别为 5080.07t、193.90t 和 711.59t，这三类 BVOCs 在排放总量中的贡献率分别为 84.87%、3.24% 和 11.89%，这与衡水市优势树种主要为杨树、桦树等落叶乔木的原因有关，而油松和侧柏两类常绿乔木较少也导致单萜烯排放量在 BVOCs 排放总量中的贡献率较低。

在异戊二烯的排放中，贡献率较高的优势树种为杨树、柳树和刺槐，其贡献率分别为 14.61%、14.18% 和 13.17%。在单萜烯的排放中，贡献率较高的树种为杨树、刺槐和油松，其贡献率分别为 23.82%、14.96% 和 11.04%。在其他 VOCs 的排放中，贡献率较高的树种是杨树、刺槐、柳树与榆树，其贡献率分别为 24.71%、11.58%、11.52% 和 10.59%，由对总 BVOCs 的贡献率可以看出，衡水市的优势树种为杨树、柳树和刺槐，贡献率分别为 16.11%、13.58%

和 13.04%。

表 5-9 衡水市优势树种排放量

树种	异戊二烯		单萜烯		其他 VOCs		总 BVOCs	
	排放量 /t	贡献率 /%	排放量 /t	贡献率 /%	排放量 /t	贡献率 /%	排放量 /t	贡献率 /%
杨树	742.24	14.61	46.19	23.82	175.86	24.71	964.29	16.11
刺槐	669.20	13.17	29.00	14.96	82.39	11.58	780.59	13.04
栎树	530.85	10.45	18.90	9.75	67.98	9.55	617.73	10.32
榆树	407.47	8.02	18.44	9.51	75.39	10.59	501.30	8.38
桦树	481.20	9.47	12.50	6.45	49.74	6.99	543.44	9.08
柳树	720.20	14.18	10.70	8.10	81.98	11.52	812.88	13.58
侧柏	322.86	6.36	16.04	8.27	35.64	5.01	374.54	6.26
油松	523.18	10.30	21.40	11.04	60.33	8.48	604.91	10.11
阔杂	682.19	13.43	20.70	10.68	82.20	11.55	785.09	13.12
灌丛	0.68	0.01	0.03	0.02	0.08	0.01	0.79	0.01
合计	5080.07	100.00	193.90	100.00	711.59	100.00	5985.56	100.00

由图 5-6 可以看出，全年 12 个月中排放量较高的月份为 6 月、7 月和 8 月，其中 6 月 BVOCs 排放量为 1481.61t，7 月、8 月排放量分别为 1443.07t 和 1179.27t。由于衡水常绿乔木蓄积量较小，对应的叶生物量也较少，以至于衡水市全年冬季 BVOCs 排放量几乎为零，由图 5-6 可知，全年排放量最低的月份为 1 月，排放量为 0.11t。

由于衡水市较小的常绿乔木蓄积量，落叶乔木在异戊二烯及单萜烯的排放量贡献率都较大，其中杨树与刺槐居多，杨树挥发物含量最高的为异戊二烯，其含量达 57%，刺槐挥发物中异戊二烯含量达 50%。建议在今后的绿化种植中优先选择挥发物中异戊二烯含量较少的树种以及在衡水市现有蓄积量较少的树种来实现挥发物排放的相对平衡，如桦树、侧柏等乔木以及一些灌木等。

7. 廊坊市森林 BVOCs 排放清单

由表 5-10 可以看出，廊坊市 2015 年 BVOCs 年排放总量为 1079.58t，其中异戊二烯、单萜烯和其他 VOCs 排放量分别为 822.31t、50.80t 和 206.47t。在异戊二烯的排放中，贡献率较高的优势树种为杨树、柳树和刺槐，其贡献率分别为 33.04%、30.91% 和 8.73%。单萜烯排放贡献率较高的为杨树和刺槐，其贡献率

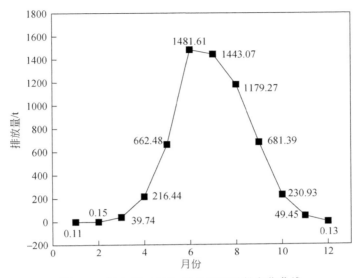

图 5-6　衡水市 BVOCs 排放量随月份变化曲线

分别为65.14%和12.50%。其他 VOCs 排放贡献率较高的是杨树和柳树，其贡献率分别为61.44%和13.39%。从总体来看，廊坊市的 BVOCs 排放优势树种为杨树和柳树，其对总 BVOCs 的排放量贡献率分别为39.98%和26.22%。

表 5-10　廊坊市 2015 年 BVOCs 年排放量

树种	异戊二烯		单萜烯		其他 VOCs		总 BVOCs	
	排放量 /t	贡献率 /%	排放量 /t	贡献率 /%	排放量 /t	贡献率 /%	排放量 /t	贡献率 /%
杨树	271.71	33.04	33.09	65.14	126.85	61.44	431.65	39.98
刺槐	71.77	8.73	6.35	12.50	13.62	6.60	91.74	8.50
栎树	43.35	5.27	2.56	5.04	5.77	2.79	51.68	4.79
榆树	37.91	4.61	2.91	5.73	14.80	7.17	55.62	5.15
桦树	29.03	3.53	0.86	1.69	3.52	1.70	33.41	3.09
柳树	254.21	30.91	1.21	2.38	27.64	13.39	283.06	26.22
侧柏	15.36	1.87	0.51	1.00	3.31	1.60	19.18	1.78
油松	36.28	4.41	2.02	3.98	4.73	2.29	43.03	3.99
阔杂	57.02	6.93	1.01	1.99	5.52	2.67	63.55	5.89
灌丛	5.67	0.69	0.28	0.55	0.71	0.34	6.66	0.62
合计	822.31	100.00	50.80	100.00	206.47	100.00	1079.58	100.00

由图 5-7 可以看出，全年排放量较高的月份为 6 月、7 月和 8 月，其中 6 月 BVOCs 排放量为 209.96t，7 月、8 月排放量分别为 215.35t 和 181.26t。由于廊坊市常绿乔木蓄积量较小，对应的叶生物量也较少，以至于冬季 BVOCs 排放量几乎为零，全年排放量最低的月份为 1 月，排放量为 0.01t。

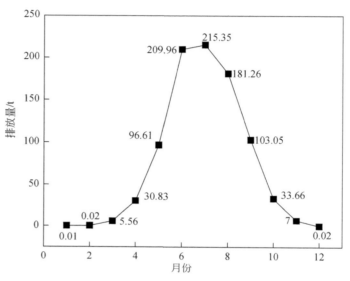

图 5-7　廊坊市 BVOCs 排放量随月份变化曲线

廊坊市与首都北京相邻，2015 年空气质量达标率为 50%，该市的空气质量对北京与天津两个直辖市均有直接影响，廊坊市异戊二烯排放量贡献率分配不均匀，其中杨树和柳树占比过半，且杨树与刺槐单萜烯排放量贡献率占比超过 75%，导致廊坊市在高温无风干燥气候下挥发物排放量较大，且不易扩散。

8. 秦皇岛市森林 BVOCs 排放清单

由表 5-11 可以看出，秦皇岛市 2015 年 BVOCs 排放总量为 3545.86t，其中异戊二烯、单萜烯和其他 VOCs 排放量分别为 907.81t、1983.11t 和 654.94t，在总 BVOCs 排放量中的贡献率分别为 25.60%、55.93% 和 18.47%。秦皇岛市蓄积量及叶生物量最大的树种为油松，其叶生物量在总优势树种叶生物量中的占比高达 70% 以上，故该市单萜烯的排放量占比较高。

在异戊二烯的排放中，贡献率较高的优势树种为栎树、油松、杨树和刺槐，其贡献率分别为 32.13%、21.17%、9.09% 和 8.86%。在单萜烯的排放中，贡献率最高的树种为油松，贡献率为 98.08%，该树种几乎为秦皇岛市单萜烯排放的全部来源。在其他 VOCs 的排放中，对其贡献率较高的树种是油松、杨树与栎树，其贡献率分别为 76.25%、7.17% 和 7.17%，其余树种对于异戊二烯、单萜烯以及其他 VOCs 排放量的贡献均小于 5%。从总体来看，秦皇岛市的 BVOCs 排放优势树种为油松和栎树，其对总 BVOCs 的排放量贡献率分别为 74.36% 和 9.55%。

表 5-11 秦皇岛市 2015 年 BVOCs 年排放量

树种	异戊二烯		单萜烯		其他 VOCs		总 BVOCs	
	排放量/t	贡献率/%	排放量/t	贡献率/%	排放量/t	贡献率/%	排放量/t	贡献率/%
杨树	82.49	9.09	12.25	0.62	46.99	7.17	141.74	4.00
刺槐	80.43	8.86	12.76	0.64	22.57	3.45	115.74	3.26
栎树	291.71	32.13	0	0.00	46.97	7.17	338.68	9.55
榆树	0.06	0.01	0.06	0.00	0.38	0.06	0.50	0.01
桦树	6.04	0.67	0.04	0.00	6.31	0.96	12.39	0.35
柳树	14.84	1.63	0	0.00	1.84	0.28	16.68	0.47
侧柏	0.01	0.00	1.11	0.07	0.38	0.06	1.49	0.04
油松	192.17	21.17	1945.00	98.08	499.40	76.25	2636.57	74.36
阔杂	8.05	0.89	0.29	0.01	1.10	0.17	9.45	0.27
灌丛	232.01	25.56	11.60	0.58	29.00	4.43	272.62	7.69
合计	907.81	100.00	1983.11	100.00	654.94	100.00	3545.86	100.00

由图 5-8 可以看出，秦皇岛市 8 月 BVOCs 排放量是全年最高，为 640.02t，6 月、7 月、9 月排放量分别为 501.61t、618.01t 和 468.08t，全年排放量在 12 月至次年 3 月达到低谷，其间每月排放量均低于 100t。

秦皇岛市与承德市、张家口市为河北省空气质量排名前三的城市，优势树种为栎树与油松，其中栎树异戊二烯排放量较大，油松为主要排放单萜烯树种，贡献率达 98%，这导致该市各类 BVOCs 尤其是单萜烯的排放量贡献率分布不均匀。建议该市在今后的绿化种植中避免重复大量使用同一树种，丰富树种以及植被的多样性，平衡各类植被的 BVOCs 排放量。

9. 石家庄市森林 BVOCs 排放清单

由表 5-12 可以看出，石家庄市 2015 年 BVOCs 年排放总量为 3779.60t，其中异戊二烯、单萜烯和其他 VOCs 排放量分别为 2315.96t、804.75t 和 658.89t。异

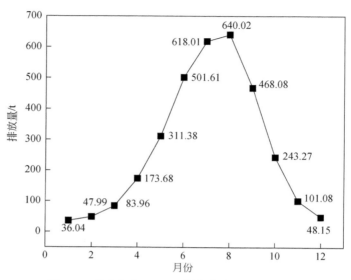

图 5-8　秦皇岛市 BVOCs 排放量随月份变化曲线

戊二烯排放贡献率较高的树种为刺槐、栎树和杨树，其贡献率分别为 27.99%、15.45% 和 13.05%。单萜烯排放较高的为油松和刺槐，贡献率分别为 74.79% 和 11.44%。其他 VOCs 排放量中，贡献率较高的树种是刺槐、油松、杨树和栎树，其贡献率分别为 25.18%、24.28%、21.92% 和 8.12%，其余树种对其他 VOCs 排放量的贡献均小于优势树种。从总体来看，石家庄市的 BVOCs 排放优势树种为刺槐、油松、杨树和栎树，其对总 BVOCs 的排放量贡献率分别为 23.98%、23.03%、12.81% 和 10.92%。

表 5-12　石家庄市 2015 年 BVOCs 年排放量

树种	异戊二烯		单萜烯		其他 VOCs		总 BVOCs	
	排放量 /t	贡献率 /%	排放量 /t	贡献率 /%	排放量 /t	贡献率 /%	排放量 /t	贡献率 /%
杨树	302.19	13.05	37.69	4.68	144.45	21.92	484.33	12.81
刺槐	648.28	27.99	92.07	11.44	165.94	25.18	906.29	23.98
栎树	357.86	15.45	1.55	0.19	53.49	8.12	412.90	10.92
榆树	45.49	1.96	2.12	0.26	9.26	1.41	56.87	1.50
桦树	53.89	2.33	1.61	0.20	14.67	2.23	70.17	1.86
柳树	81.08	3.50	1.55	0.19	10.06	1.53	92.69	2.45

树种	异戊二烯		单萜烯		其他 VOCs		总 BVOCs	
	排放量 /t	贡献率 /%	排放量 /t	贡献率 /%	排放量 /t	贡献率 /%	排放量 /t	贡献率 /%
侧柏	45.12	1.95	33.29	4.14	16.67	2.53	95.08	2.52
油松	108.62	4.69	601.90	74.79	159.97	24.28	870.49	23.03
阔杂	44.94	1.94	1.55	0.19	5.82	0.88	52.31	1.38
灌丛	628.49	27.14	31.42	3.90	78.56	11.92	738.47	19.54
合计	2315.96	100.00	804.75	100.00	658.89	100.00	3779.60	100.00

由图 5-9 可以看出，全年 12 个月中排放量较高的月份为 6 月、7 月和 8 月，其中 6 月 BVOCs 排放量为 702.49t，7 月、8 月排放量分别为 699.41t 和 575.06t。全年排放量最低的月份为 1 月，排放量为 9.42t。

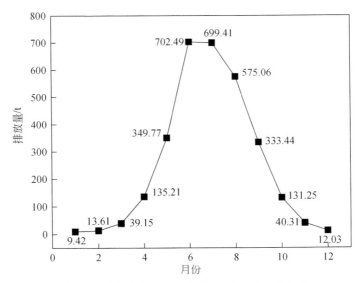

图 5-9　石家庄市 BVOCs 排放量随月份变化曲线

石家庄市作为河北省的省会城市，位于西南走向的第一条大气污染传输通道上，自 2013 年起三年内实施 "6643" 工程压减产能，实现了全年空气质量达标天数 192 天。但石家庄市空气质量在全国范围内还是较差的，建议在压减产能的同时可以在绿化种植过程中选择一些环境友好型树种，减少高活性挥发物成分的排放。

10. 唐山市森林 BVOCs 排放清单

由表 5-13 可以看出，唐山市 2015 年 BVOCs 排放总量为 7254.91t，其中异戊二烯、单萜烯和其他 BVOCs 排放量分别为 3949.80t、1832.04t 和 1473.07t。在异戊二烯的排放中，贡献率较高的优势树种为杨树、柳树和刺槐，其贡献率分别为 34.01%、22.05% 和 15.79%。在单萜烯的排放中，贡献率较高的树种为油松和杨树，其贡献率分别为 80.70% 和 9.77%。在其他 VOCs 的排放中，贡献率较高的树种是杨树、油松与刺槐，其贡献率分别为 46.61%、26.98% 和 10.24%，其余树种对于异戊二烯、单萜烯以及其他 VOCs 排放量的贡献均小于优势树种。总体来看，唐山市 BVOCs 排放优势树种为杨树、油松和柳树，其对总 BVOCs 的排放量贡献率分别为 30.45%、29.89% 和 13.55%。

表 5-13 唐山市 2015 年 BVOCs 年排放量

树种	异戊二烯		单萜烯		其他 VOCs		总 BVOCs	
	排放量 /t	贡献率 /%	排放量 /t	贡献率 /%	排放量 /t	贡献率 /%	排放量 /t	贡献率 /%
杨树	1343.20	34.01	179.08	9.77	686.57	46.61	2208.85	30.45
刺槐	623.84	15.79	79.56	4.34	150.82	10.24	854.22	11.77
栎树	176.82	4.48	5.36	0.29	24.44	1.66	206.62	2.85
榆树	142.96	3.62	5.21	0.28	19.78	1.34	167.95	2.31
桦树	82.85	2.10	3.07	0.17	14.60	0.99	100.52	1.39
柳树	870.89	22.05	5.09	0.28	107.18	7.28	983.16	13.55
侧柏	143.18	3.62	65.93	3.60	39.90	2.71	249.01	3.43
油松	292.92	7.42	1478.39	80.70	397.39	26.98	2168.70	29.89
阔杂	202.85	5.14	6.84	0.37	23.60	1.60	233.29	3.22
灌丛	70.29	1.78	3.51	0.19	8.79	0.60	82.59	1.14
合计	3949.80	100.00	1832.04	100.00	1473.07	100.00	7254.91	100.00

由图 5-10 可以看出，唐山市 7 月 BVOCs 排放量为全年最高，为 1586.42t，由于杨树、柳树、刺槐等落叶乔木是张家口市的主要 BVOCs 排放贡献树种，其贡献率总和达 50% 以上，BVOCs 排放量在冬季均下降至每月 50t 以下。

唐山市是东部传输通道上的城市，与北京、天津两个直辖市相邻且紧挨渤海。2015 年唐山市空气质量达标天数为 156 天，比省会石家庄市少，且长期位于全国重点城市后 5 名，亟待进一步加大治理力度。该市以杨树、刺槐及柳树为异

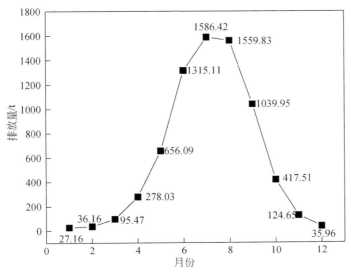

图 5-10 唐山市 BVOCs 排放量随月份变化曲线

戊二烯排放优势树种，贡献率达 70%，油松为单萜烯主要排放树种，单树种贡献率高达 80%。建议在今后的绿化种植中多选择榆树、椴树等异戊二烯及单萜烯排放速率均较小的树种，避免重复种植单一树种。

11. 邢台市森林 BVOCs 排放清单

由表 5-14 可以看出，邢台市 2015 年 BVOCs 排放总量为 4991.43t，其中异戊二烯、单萜烯和其他 VOCs 排放量分别为 3962.12t、344.43t 和 684.88t。在异戊二烯的排放中，贡献率较高的优势树种为栎树、刺槐和杨树，其贡献率分别为 38.95%、11.81% 和 8.84%。在单萜烯的排放中，贡献率较高的树种为油松、刺槐和杨树，其贡献率分别为 58.27%、13.48% 和 8.10%。其他 VOCs 排放量中，贡献率较高的树种是栎树、杨树、刺槐和油松，其贡献率分别为 32.50%、15.56%、13.84% 和 10.78%。从总体来看，邢台市的 BVOCs 排放优势树种为栎树、刺槐、油松和杨树，其对总 BVOCs 的排放量贡献率分别为 35.53%、12.21%、9.76% 和 9.71%。

表 5-14 邢台市 2015 年 BVOCs 年排放量

树种	异戊二烯		单萜烯		其他 VOCs		总 BVOCs	
	排放量/t	贡献率/%	排放量/t	贡献率/%	排放量/t	贡献率/%	排放量/t	贡献率/%
杨树	350.36	8.84	27.91	8.10	106.54	15.56	484.81	9.71

续表

树种	异戊二烯		单萜烯		其他 VOCs		总 BVOCs	
	排放量 /t	贡献率 /%	排放量 /t	贡献率 /%	排放量 /t	贡献率 /%	排放量 /t	贡献率 /%
刺槐	468.10	11.81	46.42	13.48	94.76	13.84	609.28	12.21
栎树	1543.43	38.95	7.63	2.22	222.59	32.50	1773.65	35.53
榆树	193.22	4.88	8.13	2.36	34.48	5.03	235.83	4.72
桦树	141.46	3.57	5.13	1.49	18.50	2.70	165.09	3.31
柳树	320.70	8.09	4.02	1.17	38.55	5.63	363.27	7.28
侧柏	124.55	3.14	20.81	6.04	28.87	4.22	174.23	3.49
油松	212.79	5.37	200.69	58.27	73.83	10.78	487.31	9.76
阔杂	308.46	7.79	8.74	2.54	29.38	4.29	346.58	6.94
灌丛	299.05	7.55	14.95	4.34	37.38	5.46	351.38	7.04
合计	3962.12	100.00	344.43	100.00	684.88	100.00	4991.43	100.00

由图 5-11 可以看出，邢台市 6 月 BVOCs 排放量最高，为 1142.32t。邢台市落叶乔木较多，在 10 月入秋之后排放量有明显的下降趋势，且邢台市常绿乔木较少，故入冬后排放量也均小于每月 50t，12 月、1 月和 2 月排放量均小于 5t。

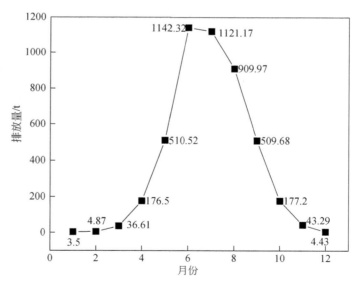

图 5-11　邢台市 BVOCs 排放量随月份变化曲线

邢台市为西南传输通道上的城市，年空气质量为相对较差前 10 城市之一，在种植方面可以适当避免过多选择栎树这一异戊二烯排放速率高的树种，从单萜烯排放方面考虑则可以减少刺槐和油松的种植量。

12. 张家口市森林 BVOCs 排放清单

由表 5-15 可以看出，张家口市 2015 年 BVOCs 排放总量为 7591.71t，其中异戊二烯、单萜烯和其他 VOCs 排放量分别为 4942.36t、849.24t 和 1800.14t。在异戊二烯的排放中，贡献率较高的优势树种为杨树、栎树和桦树，其贡献率分别为 30.43%、18.30% 和 7.89%。在单萜烯的排放中，贡献率较高的树种为油松和杨树，其贡献率分别为 59.43% 和 26.59%。在其他 VOCs 的排放中，贡献率较高的树种是杨树、桦树、栎树和油松，其贡献率分别为 48.10%、17.99%、8.52% 和 8.09%。

表 5-15　张家口市 2015 年 BVOCs 年排放量

树种	异戊二烯		单萜烯		其他 VOCs		总 BVOCs	
	排放量 /t	贡献率 /%	排放量 /t	贡献率 /%	排放量 /t	贡献率 /%	排放量 /t	贡献率 /%
杨树	1503.94	30.43	225.79	26.59	865.82	48.10	2595.55	34.19
刺槐	118.48	2.40	4.89	0.58	17.72	0.98	141.09	1.86
栎树	904.69	18.30	4.58	0.54	153.42	8.52	1062.68	14.00
榆树	123.31	2.49	12.42	1.46	64.40	3.58	200.13	2.64
桦树	390.17	7.89	6.62	0.78	323.90	17.99	720.69	9.49
柳树	190.32	3.85	4.58	0.54	26.97	1.50	221.86	2.92
侧柏	116.67	2.36	15.36	1.81	20.84	1.16	152.87	2.01
油松	163.39	3.31	504.68	59.43	145.56	8.09	813.63	10.72
阔杂	116.62	2.36	4.58	0.54	17.16	0.95	138.35	1.82
灌丛	1314.77	26.60	65.74	7.74	164.35	9.13	1544.86	20.35
合计	4942.36	100.00	849.24	100.00	1800.14	100.00	7591.71	100.00

由图 5-12 可以看出，张家口市 7 月 BVOCs 排放量为全年最高，为 1578.88t，由于杨树、桦树、栎树等落叶乔木是张家口市的主要 BVOCs 排放贡献树种，其贡献率总和达 70% 以上，BVOCs 排放量在冬季均下降至每月 10t 以下。

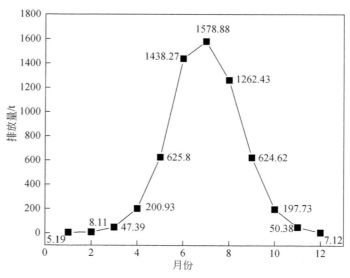

图 5-12　张家口市 BVOCs 排放量随月份变化曲线

张家口市全年风量较大，其空气质量与承德市、秦皇岛市共列河北省前三，全年空气质量达标天数高达 288 天。张家口市以杨树、栎树和油松为优势树种，在异戊二烯和单萜烯的排放上都有较大的贡献率，由于杨树较高的异戊二烯排放速率及挥发物含量占比，在绿化选择上可以考虑增加楸树、椴树等蓄积量少、排放速率低的树种来优化相应的绿化配置。

13. 天津市森林 BVOCs 排放清单

天津地处华北平原北部，东临渤海、北依燕山，森林植被可分为针叶林、针阔叶混交林、落叶阔叶林等。天津市 2015 年 BVOCs 年排放总量为 4396.52t。其中异戊二烯、单萜烯和其他 VOCs 排放量分别为 3156.53t、763.09t 和 376.9t，由于天津市杨树占比较大，相应地，异戊二烯排放量占天津市 BVOCs 排放量的绝大部分。

5.5　不确定性分析

本次排放清单结果的不确定性来源主要有两个方面：一是来自排放速率的误差，由于采样过程是在野外露天环境下进行的，对于环境影响因素的控制很难做到精准操控，并且采样后用于分析的 GC-MS 仪器本身也可能存在误差，这些都导致了排放速率测定结果的不确定性；二是来自蓄积量的误差，在森林资源数据调查的过程中存在一定的不确定性。

1）各树种标准排放因子的不确定性：在采样过程中，由于环境因素的影响，排放速率的观测结果存在误差，根据第3章排放速率观测结果中各树种的异戊二烯与单萜烯排放速率的误差范围，得到优势树种异戊二烯的不确定性为9.3%～21.3%，单萜烯的不确定性为5.0%～30.0%，排放清单中BVOCs标准排放因子的总体不确定性控制在30%以内。

2）叶生物量计算的不确定性：叶生物量主要由森林植被蓄积量、树干密度等植物学参数等计算所得，推算过程中所用参数数据的准确度会对计算排放清单过程中的叶生物量计算环节结果的准确性产生影响。本书森林植被蓄积量数据来自全国二类森林调查数据，此类统计数据的误差基本控制在5%以内，在后续叶生物量计算过程中，总体不确定性控制在3%以内（邓蕾和上官周平，2011）。

3）环境校正因子的不确定性：由于本书使用的气象数据为NASA网站公布的MODIS卫星产品数据，此类数据产品的不确定性因没有公开数据可以参考，故本书目前难以给出不确定性范围。

5.6 本章小结

1）2015年河北省优势树种BVOCs排放量约为152 134.89t C，其中杨树、栎树、桦树等落叶乔木异戊二烯排放量占优势树种总异戊二烯排放的70%以上，油松和侧柏单萜烯排放量占优势树种总单萜烯排放的80%以上。北京市2015年BVOCs年排放总量为34 712.43t C，天津市2015年BVOCs年排放总量为4 396.52t C。

2）承德市与张家口市由于其乔木蓄积量较大，故在河北省BVOCs的排放量上贡献最大，承德市的雾灵山国家级自然保护区及塞罕坝林场主要树种为桦树、柞树、杨树以及油松，这些都是叶生物量大的优势树种。总体来说，叶生物量与排放量的季节变化规律大体相符，树种排放量之间的差异也主要来自排放速率以及叶生物量大小的差异。

6 陕西省森林植被挥发性有机化合物 排放量估算

陕西有种子植物 3300 种，占全国种子植物总种数的 12%；药用植物近 800 种，天麻、杜仲、苦杏仁、甘草等在全国具有重要地位。红枣、核桃、桐油是传统的出口产品，中华猕猴桃、沙棘、绞股蓝、富硒茶等资源极具开发价值。生漆产量和质量居全国之冠。红枣、核桃、桐油是传统的出口产品，药用植物天麻、杜仲、苦杏仁、甘草等在全国具有重要地位。渭北是中国主要的优质绿色苹果出产地，陕西苹果种植面积和产量均居全国第一。省内草原属温带草原，主要分布在陕北，类型复杂，具有发展畜牧业的良好条件。据统计，陕西省主要优势树种有油松、马尾松、华山松、云杉、冷杉、侧柏、杉木、水杉、刺槐、栎类、榆树、旱柳等。

陕西省夏季空气污染的首要污染物是 $PM_{2.5}$ 与 O_3，而 SOA 是 $PM_{2.5}$ 的重要组成成分。截至目前的 SOA 源解析方法由于其空间精度较低（36km×36km），无法详细分析天然源生成的 SOA 浓度的空间分布及各主要 BVOCs 对 SOA 的贡献，不能清晰地认识天然源 BVOCs 对空气质量的贡献情况。本章从更加精细的空间角度分析夏季 BVOCs 的排放量时空分布特征，估算 BVOCs 对 SOA 的贡献潜力。

6.1 估 算 模 型

采用模型来估算森林植被挥发性有机化合物排放量。首先使用天然源气体和气溶胶排放模型的 2.10 版本（MEGANv2.10）模拟生成 BVOCs 的排放清单，然后将此天然源排放清单与人为源排放清单相结合作为总的污染源清单，结合使用气候研究与预测模型 v3.6.1 版本（WRFv3.6.1）模拟后的气象数据，同时输入美国环保署开发的第三代空气质量模型——多尺度区域空气质量模型的 5.0.2 版本（CMAQv5.0.2），模拟获得空气中 BVOCs 的浓度以及由天然源产生的 SOA 的浓度及其对总 SOA 的贡献。

MEGAN 模拟时间为 2013 年 7 月 1 日至 31 日。由于此阶段处于夏季中旬，大气温度高，太阳辐射强，BVOCs 的排放量大，对空气质量的影响也最大。为了与

CMAQ 的双层嵌套相结合，使用 MEGAN 分别进行了两次模拟：第一次模拟的空间精度是 36km×136km（197×113 个网格，兰伯特正形投影），包括整个中国和部分周边国家；第二次空间精度是 12km×12km（104×97 个网格）。叶面积指数（LAI）使用 2013 年基于时间精度为 8 天的中分辨率成像光谱仪（MODIS）LAI 数据集，植被功能类型数据来源于寒区旱区科学数据中心的空间精度为 1km 的植被功能型图，共 20 种。前 15 种植被功能类型与 MEGAN 使用的植被功能类型相对应，即温带常绿针叶树、寒带常绿针叶树、寒带落叶针叶树、热带常绿阔叶树、温带常绿阔叶树、热带阔叶落叶树、温带阔叶落叶树、寒带阔叶落叶树、温带常绿阔叶灌木、温带阔叶落叶灌木、寒带落叶阔叶灌木、极地 C_3 草本、寒冷区 C_3 草本、暖温区 C_4 草本和农作物。排放因子使用的是 MEGANv2.10 模型使用的原有排放因子。MEGAN 模拟 BVOCs 排放量选用的机制是 SAPRC99（Streets et al.，2007）。模拟结果即为天然源排放清单，主要包括异戊二烯（ISOP）、单萜烯（MONO）、倍半萜烯（SESQ）、芳香烃（ARO）和链烃（ALK）等 SOA 前体物的排放量。

　　MEGAN 模拟过程中的气象原始数据来源于美国国家海洋与大气管理局（NOAA），空间精度为分别对应 36km 和 12km 及时间精度均为 3h 的数据集，通过气候研究与预测模型 v3.6.1 版本（WRFv3.6.1）模拟处理后的数据。垂直方向上都设置了相同的 16 个分层，最高层距离地面 20km。

　　CMAQ 模拟需要的清单不仅包括天然源清单，还包括人为源清单。本书使用的人为源清单是基于全球大气研究排放基础数据的 4.2 版本（EDGARv4.2）进行物种转化和时间分配后获得的数据。使用双层嵌套模式模拟，模拟区域设置与 MEGAN 相同，且模拟时间也一致，即 2013 年 7 月 1 日至 7 月 31 日，前 3 天作为起始模拟，在后期数据处理中将其舍弃。选用的气相光化学机制为上述更新的 S11。天然源 SOA 前体物 BVOCs 主要分为六组：①与·OH 反应速率低于 $2×10^4$ L·μL^{-1}·min^{-1} 的芳香族化合物（ARO1）；②与·OH 反应速率高于 $2×10^4$ L·μL^{-1}·min^{-1} 的芳香族化合物（ARO2）；③ISOP；④MONO；⑤SESQ；⑥直接排放及其他 BVOCs 反应生成的 GLY 和 MGLY。此外还研究了空气中这些 SOA 前体物的浓度以及反应过程中一些中间产物的浓度，即将清单中包括与不包括 MEGAN 模拟的 BVOCs 排放量，分别输入 CMAQ 进行两次模拟，将模拟获得的大气中 BVOCs 的浓度求差，求得天然源对空气中 BVOCs 浓度的贡献量。

6.2　模拟可靠性检验

　　由于臭氧（O_3）具有很强的氧化性可以直接影响 SOA 的形成，其模拟浓度是否可以和空气中实际浓度很好吻合，决定着模型能否合理预测大气的氧化能力。在对 SOA 模拟效果的验证时，鉴于不能获得陕西省 SOA 的实际监测数据，但 SOA 是 $PM_{2.5}$ 的重要组成成分，故使用西安市 13 个监测站点公布的 $PM_{2.5}$ 监测数据同 CMAQ 模拟的数据对比来验证模型模拟的可靠性。根据对比可知，2013 年 7 月臭氧日 1 小时最大值（1h-O_3）、臭氧日 8 小时最大值（8h-O_3）和 $PM_{2.5}$ 日均值的模拟值与监测值匹配程度较高（图 6-1 和图 6-2）。

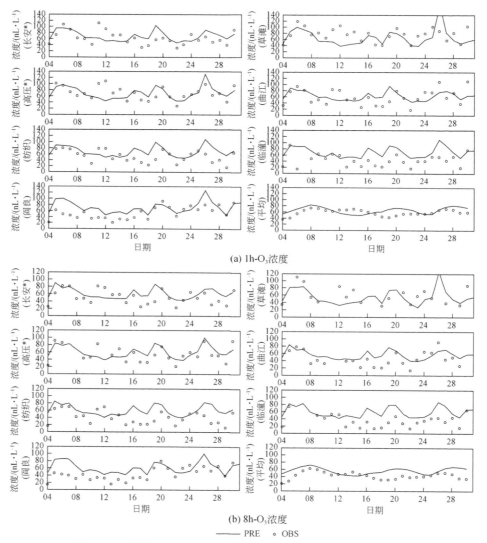

(a) 1h-O_3浓度

(b) 8h-O_3浓度

—— PRE ○ OBS

图 6-1　西安市日 1h-O_3 和 8h-O_3 浓度模拟值同对应监测值对比

＊表示同一个模拟网格中有三个监测站点，故使用三者的平均值作为实际值同模拟值对比

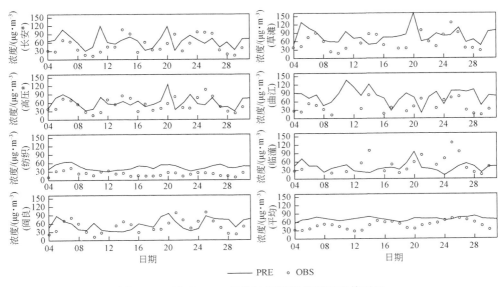

图6-2　西安市 $PM_{2.5}$ 日均浓度模拟值同监测值对比

　　此外，使用美国环保署（EPA）拟定的模拟可靠性检验的标准对模拟结果进行检验，即使用模拟值与监测值间的平均分数偏差（MFB）［式（6-1）］与平均分数误差（MFE）［式（6-2）］检验 $PM_{2.5}$ 模拟的可靠性，使用 MFB 检验 $1h-O_3$ 和 $8h-O_3$ 模拟的可靠性。

$$\mathrm{MFB} = \frac{2}{N}\sum_{i=1}^{N}\frac{C_{\mathrm{m},i} - C_{\mathrm{o},i}}{C_{\mathrm{m},i} + C_{\mathrm{o},i}} \tag{6-1}$$

$$\mathrm{MFE} = \frac{2}{N}\sum_{i=1}^{N}\frac{\mid C_{\mathrm{m},i} - C_{\mathrm{o},i}\mid}{C_{\mathrm{m},i} + C_{\mathrm{o},i}} \tag{6-2}$$

式中，N 是监测值与模拟值的对数；C_{m} 和 C_{o} 分别是模型模拟值和监测值。检验结果表明，除了曲江区监测站点 $PM_{2.5}$ 的 MFE 不符合标准外，其他均符合，再次表明 CMAQ 模拟具有可靠性。

6.3　夏季主要 BVOCs 排放量

6.3.1　BVOCs 排放量空间分布

　　由 MEGAN 模拟获得陕西省各市主要 BVOCs 种类的排放量（表6-1）。由于

表 6-1 7 月陕西省各市区主要 BVOCs 排放量

BVOCs	排放量/mol										陕西省	
	榆林	延安	宝鸡	西安	咸阳	铜川	渭南	汉中	安康	商洛	总排放量/mol	森林贡献率/%
异戊二烯(isoprene)	$1.14×10^8$	$2.24×10^8$	$1.81×10^8$	$1.49×10^8$	$5.40×10^7$	$1.28×10^7$	$7.98×10^7$	$3.02×10^8$	$3.61×10^8$	$1.82×10^8$	$1.73×10^9$	100
单萜(monoterpene)	$6.42×10^6$	$2.65×10^7$	$2.08×10^7$	$1.34×10^7$	$6.79×10^6$	$2.22×10^6$	$9.43×10^6$	$3.83×10^7$	$3.28×10^7$	$2.40×10^7$	$1.82×10^8$	97
倍半萜(sesquiterpene)	$3.30×10^5$	$1.49×10^6$	$1.36×10^6$	$9.95×10^5$	$3.16×10^5$	$1.03×10^5$	$4.79×10^5$	$2.11×10^6$	$1.99×10^6$	$1.22×10^6$	$1.04×10^7$	88
丙酮(aceton)	$5.88×10^6$	$1.50×10^7$	$1.05×10^7$	$7.37×10^6$	$5.17×10^6$	$1.15×10^6$	$7.00×10^6$	$1.73×10^7$	$1.63×10^7$	$1.12×10^7$	$9.73×10^7$	50
芳香烃(aromatics)	$5.15×10^5$	$1.25×10^6$	$8.53×10^5$	$6.12×10^5$	$4.71×10^5$	$9.85E+04$	$6.57×10^5$	$1.46×10^6$	$1.35×10^6$	$9.42×10^5$	$8.24×10^6$	45
链烃(alkanes)	$3.27×10^6$	$9.97×10^6$	$8.13×10^6$	$6.10×10^6$	$2.92×10^6$	$7.22×10^5$	$4.19×10^6$	$1.35×10^7$	$1.27×10^7$	$8.09×10^6$	$6.98×10^7$	70
乙烯(ethylene)	$1.03×10^7$	$2.11×10^7$	$1.22×10^7$	$8.67×10^6$	$9.13×10^6$	$1.75×10^6$	$1.23×10^7$	$2.07×10^7$	$2.03×10^7$	$1.50×10^7$	$1.32×10^8$	26
甲醛(HCHO)	$1.83×10^6$	$4.29×10^6$	$3.02×10^6$	$2.33×10^6$	$1.72×10^6$	$3.42×10^5$	$2.46×10^6$	$5.13×10^6$	$5.03×10^6$	$3.36×10^6$	$2.96×10^7$	47
苯甲醛(benzaldehyde)	$1.05×10^4$	$2.16×10^4$	$1.25×10^4$	$8.88×10^3$	$9.36×10^3$	$1.79×10^3$	$1.26×10^4$	$2.12×10^4$	$2.08×10^4$	$1.54×10^4$	$1.35×10^5$	26

乔木树种的 BVOCs 排放速率比其他植物高，且陕西各市的天然源主要是森林植被，因此通过 MEGAN 模拟植被功能类型中只含有森林植被情况下 BVOCs 的排放量，计算获得森林植被对各 BVOCs 的贡献率（表6-1）。由表6-1可知，异戊二烯、单萜烯、倍半萜烯和链烃主要来自森林植被。BVOCs 排放总量最高的是安康和汉中，这是由于陕南秦巴山区森林覆盖率高；最低的是铜川和咸阳，这是由于二者的土地面积在所有市中是最小的，故总 LAI 值相对较小。BVOCs 种类中排放量最大的是异戊二烯，占总排放量的 54%（铜川）～73%（榆林）。虽然榆林的土地面积是所有市中最大的，但是其 BVOCs 排放总量却排列第四，这是由于榆林森林植被覆盖率较低。研究结果与吕迪（2016）使用经验公式根据树种排放因子和森林蓄积量计算的陕西省 BVOCs 的排放量结果相匹配。

此外，根据模型模拟结果得出的 BVOCs 中生成 SOA 的主要前体物，即 ISOP、MONO、SESQ、ARO1、ARO2 和生成低聚物的长链烷烃（ALK5，只与 ·OH反应的长链烃及其他非芳香烃且反应速率大于 $10mL \cdot L^{-1} \cdot min^{-1}$）的日均排放量的空间分布图（12km×12km），能够清晰地反映出 2013 年 7 月陕西省 SOA 前体物空间分布情况。由此可知，由于秦岭山脉海拔高、植物资源丰富且植被覆盖度高，六种 BVOCs 排放量均相对较大，其次是关中地区，陕北地区最低。陕南大部分地区处于北亚热带常绿与落叶阔叶混交林亚带，阔叶植物种类较多，植被覆盖度高，根据植被功能类型对应的排放因子（Guenther et al.，2012）可知，ISOP 主要来源于阔叶树种，故 IOSP 在陕南的排放量大，特别是在秦岭山脉和秦巴山区，高达 $1.2×10^5 mol \cdot d^{-1}$。同理，由于植被覆盖度高，MONO 和 SESQ 等的排放量相对而言也很大。由于关中地区农作物种植面积较大，除了 ARO1 排放量高外，其他排放量均较低。陕北延安市植被覆盖度较高的地区是桥山和黄龙山林区，由于处于暖温带耐寒落叶阔叶林亚带，包含 MEGAN 中划分的第三、第七和第八种植被功能类型，MONO 和 SESQ 的排放量高。而陕北由于处于温带典型草原亚带和温带森林草原亚带，植被覆盖度低，植被类型多为第十一和十三种，排放因子相对较低，故除了 ARO1 排放量较高外，其他 BVOCs 排放量均较小。总体而言，萜烯类物质排放量较大，且其空间分布与植被分布紧密相关。

6.3.2 BVOCs 排放量的日变化规律

根据 BVOCs 排放量的日变化（图6-3）可知，六种 BVOCs 变化规律相似，均呈单峰变化，且变化时间几乎同步，即排放量在白天从 5:00 开始增加，到

13:00 达到峰值，然后逐步下降，到 19:00 左右及之后排放量几乎处于平稳状态，一直保持到第二天 5:00 左右。波动最大的是 ISOP，其排放量最高，排放速率受温度和光照双重因素影响（Guenther et al.,1993），故其排放量的变化也随二者变化，当夜晚及凌晨没有太阳辐射时，其排放量为零。而除了部分单萜烯的排放速率受光照影响外，绝大部分单萜烯和倍单萜烯主要受温度的影响，故其夜晚排放量很小，但是大于零。其他 VOCs 由于排放速率小，其日变化幅度也较小。由此可见，BVOCs 排放主要产生于白天，且随时间的变化较为明显，主要产生于温度高和辐射强的中午。

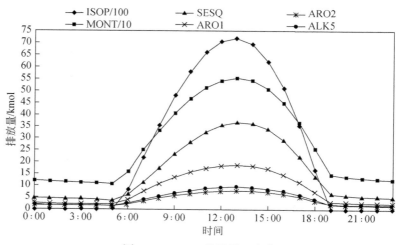

图 6-3　BVOCs 排放量日变化

6.4　BVOCs 浓度空间分布

6.4.1　二次有机气溶胶（SOA）主要前体物浓度

植被产生的 BVOCs 排放到空气中时，除了一部分迅速通过气相化学反应生成 SOA 外，剩下的一部分在衰老之前保留在空气中，具有形成 SOA 的潜在能力。此外，由 SOA 生成路径可知，还存在两类中间产物，即气体阶段和半挥发物阶段，也具有生成 SOA 的潜势。故通过 CMAQ 模拟获得这两个中间产物在大气中的浓度。空气中浓度最大的是 ISOP，最高达 $7mg \cdot L^{-1}$，主要位于秦岭山脉和陕南山区，这主要与 ISOP 的生产源（即植被的分布情况）有关。由 ISOP 生成 SOA 过程中生成的半挥发性气体产物（SV_ISO）也具有较高的浓度，最高达 1.4mg · L⁻¹，主要分布于秦岭附近的关中平原以及汉中与安康地势较低的区域，且陕北的浓度与其他区域的浓度相差没有 ISOP 悬殊，这可能是由于此中间产物由 ISOP 反应生成后在 ISOP 排放源周围得到较好的扩散。浓度排在第三位的是 MONO，最高达 1mg · L⁻¹，其空间分布与 ISOP 类似。由 MONO 生成 SOA 中间过程生成的半挥发性气体产物（SV_MON），其浓度约为 MONO 的一半，且分布比前者均匀。SESQ 及由其反应产生的中间产物（SV_SQT）、ARO1、ARO2 和 ALK5 的浓度均较低，最大值小于 0.1mg · L⁻¹，空间分布也与 BVOCs 的分布类似。空气中原有的或经过一次反应生成的 GLY、MGALY 的浓度较低（小于 0.1mg · L⁻¹），且分布与植被分布情况类似。IEPOX 的最大浓度约 0.3mg · L⁻¹，最高浓度分布在陕南地区，且分布较为均匀，关中及陕北浓度较低。这表明 ISOP 及其中间产物在大气中存在很强的 SOA 生成潜势。

6.4.2　天然源对空气中 VOCs 的贡献

为了了解生成 SOA 的 BVOCs 在空气中的浓度，分析了 CMAQ 模拟获得的 VOCs 的主要种类及对应浓度，获得天然源对空气中 VOCs 浓度的贡献（图 6-4）。由图 6-4 可知，ISOP 浓度占空气中总 VOCs 浓度的 7%，MONO 和 ARO 约占 2%。此外，计算得知生成 SOA 的主要的六种 BVOCs 在空气中的浓度约占总 VOCs 总浓度的 10%，而它们的中间产物约占 6%。值得注意的是，由天然源产生的且对人体危害较大的甲醛（HCHO）约占总 VOCs 的 10%（图 6-4）。

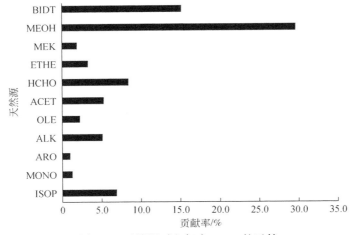

图 6-4　天然源对空气中 VOCs 的贡献

研究表明，ISOP 可以通过光化学氧化生成 HCHO（Zhao et al.，2011）。关中平原空气中 HCHO 的浓度高达 $5mg \cdot L^{-1}$，部分原因是该区工业分布相对较多，HCHO 主要来源于人为源，因此天然源对关中，特别是偏离秦岭较远的铜川和渭南的贡献率相对较低（约 40%）。陕南的汉中和安康的浓度高达 $3mg \cdot L^{-1}$，但主要来源于天然源，贡献率高达 80%。陕北 HCHO 的浓度较低（为 $1 \sim 2mg \cdot L^{-1}$），天然源的贡献率在延安约 50%、榆林约 30%。

6.5　BVOCs 对 SOA 的贡献

通过源解析可计算 BVOCs 对 SOA 的日均贡献率，从而获得陕西省不同区域 SOA 的主要来源。夏季 BSOA 对总 SOA 的贡献率在秦岭及陕南最大，为 80% ~ 90%，陕北最小，为 50% ~ 60%，全省而言约 75%，说明夏季陕西省 SOA 主要来源于天然源，少部分来源于人为源。ISOP 对 BSOA 的贡献最大，在陕南高达 70%，关中和陕北约 50%，即使在榆林，贡献率也高达 40%，贡献率的空间差异不是很明显，这是由于 ISOP 的排放量高。其次是 MONO，在陕南最高，达 14%，且贡献率的空间差异性较明显，榆林约为 4%，在陕西省平均约为 50%。SESQ 贡献率最高，达 7%，贡献率的空间分布与 MONO 类似，这是由于二者具有相同的排放源。ARO（ARO = ARO1 + ARO2）与其他 VOCs 对 SOA 的贡献率较低，小于 4%，且均在关中地区的贡献率最大。ARO 在陕西对 SOA 的贡献率低可能是由于 ARO 的排放量较低造成的。

异戊二烯对 SOA 的贡献最大，其形成的 SOA 总浓度及各成分的浓度空间分布同 SOA 的空间分布情况类似，陕南和关中较高，陕北较低。异戊二烯反应生成的二次气溶胶（iSOA）在陕南和关中平原的浓度最高，高达 $3\mu g \cdot m^{-3}$。虽然关中平原为农耕区，植被覆盖率低，但是由于夏季南风将 iSOA 从秦岭山脉和秦巴山区吹过来导致 iSOA 浓度升高。iSOA 成分中，GLY + MGLY 约占 50%，iSOA 浓度为 $0.4 \sim 1.5\mu g \cdot m^{-3}$，异戊二烯环氧二醇（IEPOX）+ 甲基丙烯酸环氧化物（MAE）浓度高达 $0.8\mu g \cdot m^{-3}$，由于半挥发性有机物（SEMI）生成速度快，秦岭山脉和秦巴山区的浓度较高，最高达 $0.6\mu g \cdot m^{-3}$，而半挥发性低聚物（OLG）的浓度分布较 SEMI 均匀，最高值达 $0.3\mu g \cdot m^{-3}$。

由于模拟获得 BVOCs 排放量的时空精度取决于输入数据的时空精度，即植被功能类型（PFT）对应的标准排放因子（EF）、叶面积指数（LAI）和气象因子。理论上而言，时间精度主要依据于气象数据的时间精度，能够精确到小时，空间精度主要依据 PFT 和 LAI 精度，能够精确到 1km。但是，模型中使用的排放因子取决于 PFT，而各 PFT 对应的 EF 是所包含树种 EF 的均值，如果模拟使用的区域网格化的空间精度较高（如 1km×1km），则林分组成单一，网格中同一 PFT 中的 EF 可能与纯林中树种 EF 相差较大，导致模拟获得的各网格中 BVOCs 排放量有较大误差，此种情况下不适合使用 MEGAN 模拟获得 BVOCs 排放量。如果模拟区域网格化空间精度不高（如 36km×36km），在划分的网格中同一 PFT 中植被种类组成通常比较丰富，各 PFT 对应的 EF 与实际各树种 EF 均值相差较小，故模拟结果较为可靠，适宜使用 MEGAN 模拟获得 BVOCs 排放量。但是，如果通过改进模型，在较为精细的尺度上使用树种代替植被类型，使用树种对应的本地测量的排放因子代替植被类型的排放因子，那么将会在数据源方面降低模型模拟的不确定性。

由于模拟获得的 BSOA 是建立在 BVOCs 排放量的基础之上，所以其模拟精度与可靠性直接受制于 MEGAN 模拟结果的准确性。由于异戊二烯对 BSOA 的贡献最大，因此本书中天然源对 SOA 贡献率被高估。尽管本书采用更新的 SOA 形成机制后提高了模型模拟生成 SOA 的准确度，但是由于采用人为源排放清单不是最新建立的，精度（0.1°×0.1°）不够高，因此清单不确定性较大。此外，目前尚缺乏实地监测的 SOA 数据来直接验证模拟的准确性，未来需要进行气溶胶的有机成分的测定，示踪分析 SOA 的形成过程以提高模型模拟的准确性。

6.6 本 章 小 结

本章采用 MEGAN 和 CMAQ 相结合的方法，模拟研究陕西省夏季天然源 BVOCs 排放量、在空气中的浓度、生成的 SOA 及中间产物的种类和对应浓度的空间分布。由于陕南秦巴山区和秦岭山脉植物种类丰富和植被覆盖度高，BVOCs 的排放量最大，排放最低的是陕北榆林。在所有区域的 BVOCs 中，ISOP 的日排放量最高，日变化幅度也最大。大气中，SOA 前体物的主要 BVOCs 的浓度分布亦同植被覆盖度相似，且 ISOP 的日均 VOCs 浓度最大，高达 $7\mu g \cdot m^{-3}$，约占总 VOCs 浓度的 7%。

夏季 SOA 主要为 BSOA，其浓度的空间分布同 BVOCs，占全省 SOA 的 75%。ISOP 对 BSOA 的贡献最高，在全省平均约 60%，主要生成 GLY 和 MGLY，二者由 ISOP 反应生成的浓度最高达 $1.5\mu g \cdot m^{-3}$。本章模拟获得的 SOA 气溶胶的成分和浓度分布，有利于研究陕西省夏季空气质量。

| 7 |　森林植被排放的挥发性有机化合物转化为二次有机气溶胶的机制

7.1　大气中二次有机气溶胶的主要前体物

二次有机气溶胶是 $PM_{2.5}$ 的主要成分之一，二次有机气溶胶具有更强的极性和吸湿性，对能见度低、雾霾形成、气候变化具有重要影响。因此深入认识大气二次有机气溶胶的组成和来源具有重要意义。从全球角度看，二次有机气溶胶前体物以植物排放的挥发性有机化合物占主导地位。据估计，每年生物排放的挥发性有机化合物约为1150Tg C。植物排放的挥发性有机化合物主要成分为活性非甲烷碳氢化合物（NHMC），其中异戊二烯占44%，是大气中非甲烷烃排放量的50%，与全球甲烷排放量相当；萜烯占11%；其他活性 VOC（定义为寿命不超过1天）占22.5%。这些 NHMC 性质非常活跃，容易与大气中的氧化剂发生反应产生低挥发性组分，从而产生二次有机气溶胶。最早的研究是通过实验室模拟，发现一些单萜类化合物在大气中发生光化学氧化，产生二次有机气溶胶；后来在森林上空也观测到由单萜氧化产生的二次有机气溶胶。异戊二烯作为最主要的自然挥发性有机化合物，虽然容易发生光化学反应，但早期的烟雾箱模拟实验研究结果表明，反应产物大多是挥发性物质，不容易生成气溶胶。而最新的研究表明，异戊二烯的衍生物可能是二次有机气溶胶的重要来源。由比利时安特卫普大学 Magda Claeys 和根特大学 Willy Maenhaut 教授领导的一个国际科学家小组在考察亚马孙河流域雨林自然界气溶胶时，在气溶胶中发现两种未知化合物，2-甲基苏醇（2-methylthreitol）和 2-甲基赤藻糖醇（2-methylerythritol），经过分析发现这两种化合物是异戊二烯的光氧化产物，其挥发性低，可以在气溶胶颗粒上凝聚。这是首次证明植物排放的异戊二烯也能形成二次有机气溶胶。据此，研究人员估计全世界每年因异戊二烯氧化可生成2Tg 不挥发性聚醇类物质，继而估算生物源二次有机气溶胶年产生量约为 2～40Tg。如此高的排放量，所产生的环境效应是无法忽视的。因此有关植物源二次有机气溶胶形成机理、成核过程的研究具有重要意义。

7.2 森林植被挥发性有机化合物转化二次有机气溶胶

7.2.1 二次有机气溶胶的组分

二次有机气溶胶是大气颗粒物的重要组成部分，是有碳氢化合物的前体物与大气中 O_3 和 OH 自由基发生光化学氧化反应得到的。二次有机气溶胶是一种不挥发或半挥发的物质经过成核反应可以形成大气颗粒物粒子。二次有机气溶胶和一次有机气溶胶（POA）主要由碳、氢、氧、硫和氮原子组成。大气颗粒物主要包括二次有机气溶胶、一次有机气溶胶和一些无机离子，这些物质能够使大气能见度降低，并影响辐射平衡进而对全球气候变化产生影响。

7.2.2 二次有机气溶胶的浓度

利用 HYSPLIT 前推轨迹模型，模拟采样期间 7 月 13 日和 7 月 15 日北京地区 72h 周期的气团运行轨迹。观测地点为北京市鹫峰山区（北纬 39°54′，东经 116°28′）。

从气团运行轨迹可知，采样期间共有三个气团从东、北、南三个方向移动传输到达采样地点，基于对气团传输轨迹的判断，本研究采样的地点也选择了东、北、南三个方向同时采样，并对不同方位采样点颗粒物样品中无机离子和二次有机化合物组分及浓度进行了差异性分析（表 7-1）。

从表 7-1 中可以看出，采样期间 PM_{10} 平均浓度为 (92.6 ± 11.8) $\mu g \cdot m^{-3}$，有机碳（OC）和元素碳（EC）平均浓度分别为 (9.3 ± 1.7) $\mu g \cdot m^{-3}$ 和 (1.48 ± 0.53) $\mu g \cdot m^{-3}$。图 7-1 是不同生物源二次有机气溶胶浓度随时间的变化情况。从图 7-1 中可以看出，采样期间温度维持在 $28\sim33$℃，风速为 $0.1\sim4.2$ $m \cdot s^{-1}$，相对湿度为 45%~95%。夏季高温高湿条件促进了二次有机气溶胶的生成，导致 SO_4^{2-}、NO_3^- 和 NH_4^+ 浓度较高，分别为 (22.5 ± 5.7) $\mu g \cdot m^{-3}$、(2.2 ± 1.4) $\mu g \cdot m^{-3}$ 和 (5.8 ± 2.3) $\mu g \cdot m^{-3}$。

研究分析了 8 种不同类型挥发物的光氧化有机产物浓度变化，分别是异戊二烯的光氧化产物甲基四氢呋喃（分为顺式和反式甲基四氢呋喃）、2-甲基甘油酸、C_5-烯三醇和 2-甲基丁四醇，平均浓度分别为（0.87 ± 0.33）$\mu g \cdot m^{-3}$、（6.13 ± 2.36）$\mu g \cdot m^{-3}$、（17.64 ± 1.82）$\mu g \cdot m^{-3}$ 和（8.12 ± 2.14）$\mu g \cdot m^{-3}$；α-/β-蒎烯的光氧化产物蒎酮酸、3-羟基戊二酸、3-甲基-1,2,3-丁三酸，平均浓度分别为（7.25 ± 1.87）$\mu g \cdot m^{-3}$、（4.64 ± 1.52）$\mu g \cdot m^{-3}$ 和（3.12 ± 1.14）$\mu g \cdot m^{-3}$；β-石竹烯的光氧化产物 β-石竹酸，平均浓度为（3.44 ± 1.53）$\mu g \cdot m^{-3}$（表 7-1 和图 7-1）。

二次有机碳（SOC）也是大气颗粒物 $PM_{2.5}$ 中碳物质的重要组成部分，占 30% 左右。目前大气颗粒物中碳物质含量主要由有机碳（OC）和元素碳（EC）体现。研究发现，OC 能够光氧化产生二次有机碳，一次和二次有机化合物对碳物质的贡献主要通过 OC/EC 最低比值方法来估算，这种是被认为最经济实惠的方法。普遍认为 SOC 浓度等同于有机碳与一次有机碳（POC）的差值，但这种方法忽视了每一种碳氢化合物前体物生成的 SOC 对颗粒物中碳物质的贡献。因此本书采用了有机化合物示踪源解析方法，该方法主要基于示踪物在烟雾箱光反应模拟情况下得到的，首先是测定在有 NO_x 化合物存在条件下碳氢化合前体物的浓度，每一种 SOA 物质质量分数根据每种前体物质量浓度占总有机前体物的浓度的比率来计算。SOC 浓度通过 SOA 与 SOC 的比率来计算得到。这种方法的前提假设是室内模拟条件下 SOC 浓度与外界大气中 SOC 的浓度基本一致。具体计算方法如下：

$$f_{soa,hc} = \frac{\sum_i [\,tr_i\,]}{[\,SOA\,]} \tag{7-1}$$

$$f_{soa,hc} = f_{soa,hc} \frac{[\,SOA\,]}{[\,SOC\,]} \tag{7-2}$$

式中，$f_{soa,hc}$ 为某种碳氢化合前体物质量分数；$[\,tr_i\,]$ 为某种碳氢化合前体物质量浓度。

根据上述有机化合物示踪源解析方法，本书计算了异戊二烯、α-/β-蒎烯和 β-石竹烯作为前体物光氧化产生的二次有机碳（SOC）浓度，分别为（125 ± 19）ng C $\cdot m^{-3}$、（66 ± 24）ng C $\cdot m^{-3}$ 和（134 ± 31）ng C $\cdot m^{-3}$。有机化合物示踪源解析方法是基于在 NO_x 化合物、气溶胶酸碱度、相对湿度有限的室内模拟条件下进行的，对于前提物质和衍生物的考虑也有限，像本研究中异戊二烯的光氧化产物 2-甲基甘油酸、C_5-烯三醇和 2-甲基丁四醇等都没有考虑在内，因此本实验得到的二次有机碳的浓度相对于实际大气要偏低。

本研究还检测到一些由不饱和碳氢化合物和脂肪酸等前体物质光氧化产生的二次有机气溶胶，如丁二酸、戊二酸、苹果酸、o-邻苯二甲酸、m-邻苯二甲酸、p-邻苯二甲酸、左旋葡聚糖和阿拉伯糖醇，平均浓度分别为（7.45±2.83）μg·m^{-3}、（4.41±0.62）μg·m^{-3}、（8.64±1.79）μg·m^{-3}、（7.32±1.74）μg·m^{-3}、（2.13±0.62）μg·m^{-3}、（4.42±1.36）μg·m^{-3}、（27.46±2.35）μg·m^{-3}、（9.38±1.43）μg·m^{-3}。邻苯二甲酸是多环芳烃光氧化的产物。左旋葡聚糖是生物质燃烧的示踪物之一，一般是花粉、孢子、真菌、藻类和细菌的代谢产物，本研究中左旋葡聚糖浓度较高，说明采样地区周边区域有生物质燃烧等人为活动的干扰。

表 7-1   不同地点采样区二次有机气溶胶和无机离子浓度

项目	浓度				p 值（t 检验）		
	E（$n=12$）	N（$n=12$）	S（$n=12$）	平均值（$n=12$）	S-E	S-N	E-N
$T/℃$	28±2.3	30±2.6	28±1.9	27±2.2	0.231	0.147	0.229
RH/（°）	85±6.8	93±10.3	79±5.6	86±7.4	0.643	0.574	0.746
PM_{10}/（μg·m^{-3}）	87.6±11.2	78.5±10.1	102.3±13.6	92.6±11.8	0.354	0.663	0.536
OC/（μg·m^{-3}）	8.3±1.4	6.7±1.1	11.5±2.8	9.3±1.7	0.217	0.364	0.271
EC/（μg·m^{-3}）	1.53±0.46	1.64±0.51	1.72±0.63	1.48±0.53	0.244	0.573	0.726
Ⅰ. 无机离子							
SO_4^{2-}/（μg·m^{-3}）	23±6.4	19±4.7	24±6.6	22.5±5.7	0.183	0.345	0.242
NO_3^{-}/（μg·m^{-3}）	2.3±1.6	1.9±1.3	2.6±1.4	2.2±1.4	0.176	0.252	0.073
NH_4^{+}/（μg·m^{-3}）	5.2±2.3	4.7±2.2	6.5±2.4	5.8±2.3	0.264	0.875	0.636
Na^{+}/（μg·m^{-3}）	0.54±0.34	0.43±0.25	0.61±0.42	0.52±0.34	0.164	0.087	0.276
K^{+}/（μg·m^{-3}）	0.44±0.18	0.36±0.14	0.49±0.27	0.43±0.21	0.332	0.184	0.167
Mg^{2+}/（μg·m^{-3}）	0.23±0.11	0.17±0.08	0.28±0.17	0.24±0.14	0.354	0.752	0.163
Ca^{2+}/（μg·m^{-3}）	0.56±0.24	0.51±0.14	0.63±0.18	0.56±0.19	0.053	0.262	0.179
pH_{IS}^{a}/（μg·m^{-3}）	0.23±0.14	0.45±0.12	0.38±0.21	0.31±0.14	0.143	0.246	0.321
LWC/（μmol·m^{-3}）	4.45±1.45	8.23±2.63	5.57±1.14	7.17±1.75	0.035	0.233	0.285
Ⅱ. 异戊二烯衍生物							
甲基四氢呋喃/（μg·m^{-3}）	1.23±0.43	0.56±0.21	0.68±0.38	0.87±0.33	0.703	0.045	0.036

项目	浓度				p 值（t 检验）		
	E（n=12）	N（n=12）	S（n=12）	平均值（n=12）	S-E	S-N	E-N
II. 异戊二烯衍生物							
2-甲基甘油酸/（μg·m^{-3}）	6.23±2.43	7.21±2.87	4.26±1.34	6.13±2.36	0.007	0.537	0.012
C$_5$-烯三醇/（μg·m^{-3}）	23.21±2.12	12.56±1.14	16.25±2.09	17.64±1.82	0.556	0.019	0.423
2-甲基丁四醇/（μg·m^{-3}）	8.34±2.54	4.23±1.42	11.58±4.53	8.12±2.14	0.023	0.647	0.003
小计	38±12	23±5	31±9	31±8	0.573	0.034	0.017
SOC$_{isoprene}$/（ng C·m^{-3}）	154±23	103±16	142±21	125±19	0.438	0.026	0.005
III. α-/β-蒎烯衍生物							
派酮酸/（μg·m^{-3}）	5.45±1.22	4.18±1.54	10.43±3.25	7.25±1.87	0.003	0.002	0.863
3-羟基戊二酸/（μg·m^{-3}）	3.21±1.12	2.56±1.14	6.25±2.09	4.64±1.52	0.042	0.029	0.125
3-甲基-1，2，3-丁三酸（MBTCA）/（μg·m^{-3}）	3.34±1.54	4.23±1.42	2.58±1.53	3.12±1.14	0.336	0.112	0.647
小计	9.21±2.12	10.56±2.14	18.25±3.09	14.64±2.52	0.024	0.018	0.756
SOC$_{isoprene}$/（ng C·m^{-3}）	56±21	65±25	72±28	64±24	0.047	0.374	0.686
IV. β-石竹烯衍生物							
β-石竹酸/（μg·m^{-3}）	3.45±1.52	2.65±1.24	4.25±1.79	3.44±1.53	0.475	0.264	0.653
SOC$_{caryophyllene}$/（ng C·m^{-3}）	134±32	125±26	142±36	134±31			
V. 其他 SOA 物质							
丁二酸/（μg·m^{-3}）	8.24±3.43	6.34±2.21	7.62±2.38	7.45±2.83	0.246	0.753	0.478
戊二酸/（μg·m^{-3}）	3.23±0.43	5.26±0.87	4.33±0.51	4.41±0.62	0.377	0.703	0.211
苹果酸/（μg·m^{-3}）	9.36±1.54	11.56±1.67	6.73±2.22	8.64±1.79	0.006	0.004	0.216
o-邻苯二甲酸/（μg·m^{-3}）	7.38±1.51	9.23±2.02	6.43±1.26	7.32±1.74	0.237	0.439	0.376
m-邻苯二甲酸/（μg·m^{-3}）	2.54±0.78	1.59±0.43	0.27±0.89	2.13±0.62	0.007	0.023	0.323
p-邻苯二甲酸/（μg·m^{-3}）	3.87±1.07	4.11±1.21	6.26±1.76	4.42±1.36	0.012	0.214	0.594
左旋葡聚糖/（μg·m^{-3}）	22.21±2.65	22.72±1.14	32.56±3.27	27.46±2.35	0.018	0.025	0.672
阿拉伯糖醇/（μg·m^{-3}）	8.34±1.23	5.11±0.76	12.26±2.88	9.38±1.43	0.013	0.007	0.385

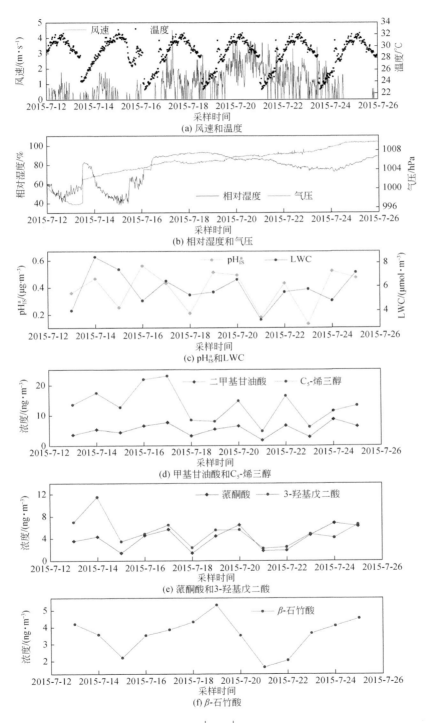

(a) 风速和温度

(b) 相对湿度和气压

(c) pH$_{IS}^a$和LWC

(d) 甲基甘油酸和C$_5$-烯三醇

(e) 蒎酮酸和3-羟基戊二酸

(f) β-石竹酸

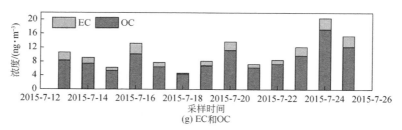

图 7-1 夏季生物质 BSOA 浓度和气象条件时间变化

7.2.3 乙二醛和甲基乙二醛的主要来源

由 SOA 的生成路径可知，SOA 中通过反应机制中新添加路径生成的 IMAE 和 IEPOX 都来源于 ISOP，而 GLY 和 MGLY 来源于 ISOP、MONO、TERP、ARO1 和 ARO2，在颗粒物表面通过不可逆吸收反应生成。根据模型源解析的方法获得不同 BVOCs 对 GLY 和 MGLY 浓度的贡献（图7-2）可知，ISOP 对 GLY 和 MGLY 的贡献率最大，分别高达 80% 和 90%。

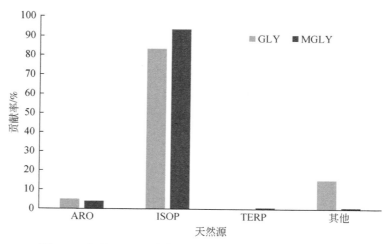

图 7-2 主要 BVOCs 对陕西省 GLY 和 MGLY 的平均贡献率

7.2.4 森林植被挥发性有机化合物对二次有机气溶胶的贡献

1. 气团和颗粒物结合水对 BSOA 形成的影响

从表 7-1 中还可以看出，经过统计分析 t 检验得出，不同采样点颗粒物样品中无机离子浓度差异不显著（$p>0.05$），说明三个方向采样地点周围环境相似，尤其是受到人类活动的影响差异不大。而大部分有机化合物质尤其是二次有机气溶胶等物质差异性显著（$p<0.05$），东与南、东与北方向差异性显著，这说明东面山区和南、北面山区森林植被覆盖情况有很大差异，导致森林植被排放的挥发物转化生成的二次有机物浓度差异较大。

气溶胶相和气粒相之间的化学反应与大气中 pH 和大气颗粒物结合水（LWC）紧密相关。采样去原位 pH 和颗粒物液态水含量（LWC）由以下公式计算：

$$pH_{IS} = -\log \alpha_{H^+} = -\log(\gamma_{H^+} \times n_{H^+} \times 1000/V_a) \tag{7-3}$$

式中，α_{H^+} 为 H^+ 颗粒物中液相反应活度；γ_{H^+} 为 H^+ 活度系数；n_{H^+} 为空气中自由 H^+（$\mu mol \cdot m^{-3}$）；V_a 为大气中气溶胶中液相体积浓度（$cm^3 \cdot m^{-3}$）。γ_{H^+}、n_{H^+} 和 V_a 利用气溶胶无机物质模型来计算。本研究测定了样品中的 SO_4^{2-} 浓度、NO_3^- 浓度和 NH_4^+ 浓度，结合温度和相对湿度等气象参数输入到模型中，计算了北京鹫峰山区森林大气中的 pH 和大气颗粒物液态水含量，分别为（0.31 ± 0.14）$\mu g \cdot m^{-3}$、（7.17 ± 1.75）$\mu mol \cdot m^{-3}$。本研究计算得到的 pH 高于夏季青海湖地区 pH [（-1.0 ± 0.32）$\mu g \cdot m^{-3}$]，这可能与采样区受到人为源、工厂排放等影响较大有关。同时需要注意的是，颗粒物样品中其他无机离子如 Ca^{2+}、Mg^{2+}、Na^+ 和 K^+ 等离子浓度很小，没有作为模型的输入参数，这导致模型输出的结果比实际大气偏高。采样区颗粒物液态水含量（LWC）平均浓度为（7.17 ± 1.75）$mol \cdot m^{-3}$，但就不同方位采样区域来看，东部和南部采样区大气颗粒物液态水含量差异较大（$p<0.05$），这是由于两个地区森林覆盖的差异导致林内小气候相对湿度等环境因子差异较大，从而导致颗粒物液态水含量有明显的差异。

2. 温度和相对湿度对森林地区 BSOA 的影响

试验监测是在夏季植物生长旺盛的时候，采样期间气象条件如图 7-3 所示，大气温度均值为 $28\sim32$℃。由实验数据可以看到，几种生物源二次有机气溶胶：异戊二烯的光氧化产物 3-羟基戊二酸、β-石竹烯的光氧化产物 β-石竹酸的浓度在 7 月 15 日、18 日、21 日和 23 日有明显减少，这是因为这几天是降雨天气，温度较低，植物挥发物的排放较低，雨水的湿沉降冲刷清除作用使二次有机化合物浓度很低。

从图 7-3（h）～（n）中可以看出，生物源二次有机气溶胶浓度与大气温度成正相关，即随着温度升高，天然源挥发性有机化合物通过光化学氧化反应的强度更强，反应时间加快，产率更高。就具体物质来看，异戊二烯的光氧化产物 2-甲基甘油酸只有在东面监测区域与大气温度相关性较好（$R^2 = 0.8322$）。这主要是因为东面监测区森林覆盖率较大又与人类活动区靠近；C_5-烯三醇只有在东和北面采样区与温度相关性良好（E：$R^2 = 0.9679$；N：$R^2 = 0.6166$）；2-甲基丁四醇在不同方位采样区都与大气温度相关性良好（E：$R^2 = 0.6024$；N：$R^2 = 0.8092$；S：$R^2 = 0.8131$）。α-/β-蒎烯的氧化产物蒎酮酸也只有在东和北面采样区与大气温度相关性良好（E：$R^2 = 0.9286$；N：$R^2 = 0.6286$）；3-羟基戊二酸在不同方位采样区都与大气温度相关性良好（E：$R^2 = 0.8215$；N：$R^2 = 0.7041$；S：$R^2 = 0.8265$）；3-甲基-1,2,3-丁三酸（MBTCA）与3-羟基戊二酸类似，在三个方位采样区都与大气温度相关性良好（E：$R^2 = 0.8336$；N：$R^2 = 0.7339$；S：$R^2 = 0.7298$）。β-石竹烯的氧化产物β-石竹酸与大气温度的相关性在东和北面采样区相关性良好（E：$R^2 = 0.9095$；N：$R^2 = 0.7684$）。这种 BSOA 与温度相关性很强的研究结果在中国南方地区、美国北卡罗来纳州都有发现。总之，森林植被覆盖条件越好的地区，在高温条件下二次有机气溶胶产率越高。

从图7-3（a）~（g）中可以看出，生物源二次有机气溶胶浓度与大气相对湿度呈负相关，即随着相对湿度的升高，天然源挥发性有机化合物通过光化学氧化反应的强度减慢，反应时间延长，产率下降。就具体物质来看，异戊二烯的光氧化产物2-甲基甘油酸只有在东面监测区域与大气相对湿度相关性较好（$R^2 = 0.8463$）。这主要是因为东面监测区森林覆盖率较大又与人类活动区靠近；C_5-烯三醇在东、北面采样区与大气相对湿度相关性良好（E：$R^2 = 0.7743$；N：$R^2 = 0.6457$）；2-甲基丁四醇在不同方位采样区都与大气相对湿度相关性良好（E：$R^2 = 0.7301$；N：$R^2 = 0.8302$；S：$R^2 = 0.8179$）。α-/β-蒎烯的氧化产物蒎酮酸在三个方向采样区都与大气相对湿度相关性良好（E：$R^2 = 0.8743$；N：$R^2 = 0.709$；S：$R^2 = 0.653$）；3-羟基戊二酸只有在东面采样区与大气相对湿度相关性良好（E：$R^2 = 0.7921$）；3-甲基-1，2，3-丁三酸（MBTCA）在三个方位采样区都与大气相对湿度相关性良好（E：$R^2 = 0.7882$；N：$R^2 = 0.6995$；S：$R^2 = 0.7405$）。β-石竹烯的氧化产物β-石竹酸与大气相对湿度的相关性在东和南面采样区相关性良好（E：$R^2 = 0.7336$；N：$R^2 = 0.8286$）。大气相对湿度与 BSOA 的关系，目前研究较少，现有的研究表明2-甲基甘油酸及其低聚物在相对湿度较低的情况下气粒相反应明显增加，而2-甲基丁四醇则没有明显的变化，这些研究与本研究有所差别，上述研究是在室内模拟条件下进行的，本研究是在野外条件下监测，环境条件的差异都有可能造成结果的偏差，因此相关问题应该在未来的研究中结合室内模拟结果与野外观测进行比对。

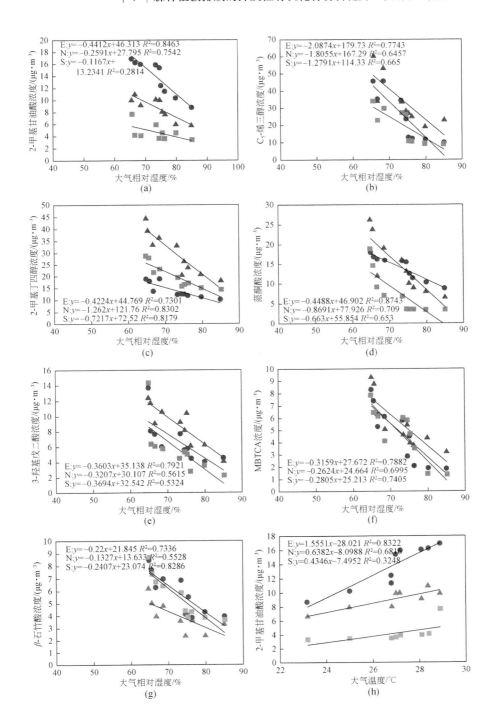

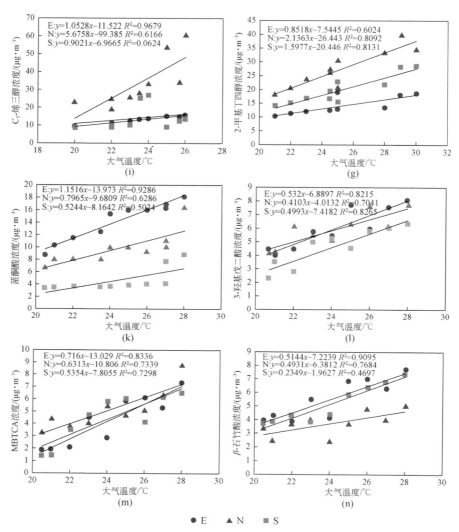

图 7-3　BSOA 与大气温度和相对湿度的线性回归

E、N、S 分别代表东、北、南面采样区域。（a）～（g）为 BSOA 与
大气相对湿度的线性回归，（h）～（n）为 BSOA 与大气温度的线性回归

　　目前针对二次有机气溶胶形成的影响因素都是在实验室光化学烟雾箱条件下模拟测定的，控制的实验条件有反应时间、紫外光强、波长、氧化物质浓度、温湿度以及通入气体的成分、种类和先后顺序等。通过结合外部的先进设备来观察分析二次有机气溶胶生成的产率、光氧化物质的浓度比及其他影响因素。实验模拟对了解实际大气中二次有机气溶胶的形成过程具有重要的参考意义。

Edney 等（2005）研究表明，SO_2 浓度对异戊二烯转化生成二次有机气溶胶（SOA）具有影响，通入 SO_2 的烟雾箱比没有导入 SO_2 的烟雾箱 SOA 产额增长了 7 倍。Pathak 等（2007）研究发现，α-蒎烯生成二次有机气溶胶（SOA）的过程中温度的影响很大，在 $15 \sim 40℃$ 产率与温度相关性较弱，在 $0 \sim 15℃$ 时相关性较强。Emanuelsson 等（2013）研究表明，二次有机气溶胶（SOA）的挥发性随着大气湿度的增加而增加，增加湿度能够增加对二次有机气溶胶（SOA）数量和质量的清除作用，而且大气湿度的范围对二次有机气溶胶（SOA）的影响随着萜烯类物质的前体物质浓度的增加而减弱，这种清除作用在使用 OH 自由基作为氧化剂时而加强。

3. 森林区域 BSOA 粒径的分布特征

为了进一步分析森林区域生物源二次有机气溶胶的特征，本研究分析了不同来源 BSOA 的分子组成和粒径特征。不同模态大气颗粒物中二次有机气溶胶浓度和几何粒径特征如表 7-2 所示。依据上述分布特征，建立了浓度与粒径的分布函数，确定了不同粒径大气颗粒物中二次有机气溶胶的分布特征（图 7-4）。

从表 7-2 中可以看出，鹫峰山区森林大气颗粒物浓度主要由细颗粒物体现，其中细颗粒物浓度为 (46.2 ± 5.31) $\mu g \cdot m^{-3}$。颗粒物中水溶性离子 SO_4^{2-}、NO_3^- 和 NH_4^+ 浓度在细颗粒物中较大，分别为 (18 ± 1.41) $\mu g \cdot m^{-3}$、(1.3 ± 0.06) $\mu g \cdot m^{-3}$、(4.2 ± 0.3) $\mu g \cdot m^{-3}$。其他水溶性离子（Na^+、K^+、Ca^{2+}、Mg^{2+}）在细颗粒物中浓度及占比较小。从表 7-2 中还可以看出，二次有机气溶胶在细模态颗粒物中浓度较大，说明其主要分布在细颗粒物中，进而可以认为森林地区排放的挥发物经过光化学反应生成的二次有机气溶胶对细颗粒物的贡献较大。就具体二次有机气溶胶物质而言，异戊二烯的光氧化产物甲基四氢呋喃、C_5-烯三醇、2-甲基丁四醇呈单峰型分布，分别在粒径为 0.4nm、0.7nm 和 0.8nm 处浓度达到最大值 [图 7-4（a）、（c）、（d）]，而 2-甲基甘油酸则呈双峰型分布，分别在粒径为 0.7nm 和 3.3nm 处浓度达到最大值 [图 7-4（b）]，产生这种差别的原因是异戊二烯在低 NO_x 条件下通过非均相反应生成甲基四氢呋喃、C_5-烯三醇、2-甲基丁四醇的过程中，环氧二醇（IEPOX）是重要的中间产物，而 2-甲基甘油酸的产生则主要通过液相水通过对 2-甲基环氧乙烷-2-羧酸的环氧基进行亲核攻击，而此反应要在高 NO_x 浓度条件下才能反应。α-/β-蒎烯的氧化产物蒎酮酸呈双峰型分布，分别在粒径为 0.8nm 和 3.3nm 处浓度达到最大值 [图 7-4（e）]；而其他两种氧化产物 3-羟基戊二酸和 3-甲基-1，2，3-丁三酸（MBTCA）则呈单峰型分布，分别在 0.4nm 和 3.3nm 处浓度达到最大值 [图 7-4（f）和（g）]，蒎酮酸是 O_3 将蒎烯经过气相氧化形成的，而 3-甲基-1，2，3-丁三酸（MBTCA）则是由蒎酮酸在

OH 自由基存在条件下进行气相反应产生，两者在粒径的差别主要是因为蒎酮酸的沸点低，挥发性强。β-石竹烯的氧化产物 β-石竹酸呈单峰型分布，在粒径为 0.8nm 处浓度达到最大值［图 7-4（h）］。丁二酸、戊二酸呈现双峰型分布，分别在粒径为 0.8nm 和 3.3nm 处浓度达到最大值［图 7-4（i）和（j）］，这是因为两种物质主要来自人为源挥发性物质首先与气相酮-羧酸反应，然后再参与气粒相反应进一步生成二羧酸。而苹果酸呈现单峰型分布，在粒径为 0.8nm 处浓度达到最大值［图 7-4（k）］，这是因为苹果酸主要来自生物质燃烧，是细颗粒物的主要成分。m-邻苯二甲酸、p-邻苯二甲酸两个同分异构体物质都呈单峰型分布，分别在粒径为 1.1nm 和 1.1nm 处浓度达到最大值［图 7-4（m）和（n）］；o-邻苯二甲酸呈现双峰分布，分别在粒径为 0.5nm 和 4.7nm 处达到峰值［图 7-4（l）］，o-邻苯二甲酸主要是通过臭樟脑的气相氧化，并被吸收和凝结在大气颗粒物上，p-邻苯二甲酸主要来自塑料制品的分解。左旋葡聚糖呈单峰型分布，在粒径为 0.9nm 处浓度达到最大值［图 7-4（o）］，其是生物质燃烧的重要示踪物质。阿拉伯糖醇呈现双峰型分布，分别在粒径为 0.9nm 和 4.7nm 处达到峰值［图 7-4（p）］，该物质主要来自花粉、孢子等生物源较多的区域。

表 7-2　不同粒径颗粒物中 BSOA 和无机离子浓度和几何粒径（GMD）特征

项目	细模态（<2.1μm）		粗模态（>2.1μm）	
	浓度/(μg·m^{-3})	GMD/μm	浓度/(μg·m^{-3})	GMD/μm
PM$_{10}$	46.2±5.31	1.63±0.08	30.1±4.2	1.25±0.05
I．无机离子				
SO$_4^{2-}$	18±1.41	1.13±0.02	5±0.41	0.23±0.01
NO$_3^{2-}$	1.3±0.06	0.69±1.3	1.1±0.06	0.49±0.03
NH$_4^+$	4.2±0.3	0.73±0.22	0.6±2.3	0.27±0.02
Na$^+$	0.38±0.04	0.73±0.25	0.18±0.04	0.62±0.15
K$^+$	0.28±0.01	0.47±0.03	0.06±0.18	0.52±0.08
Mg^{2+}	0.19±0.05	0.32±0.04	0.03±0.01	0.44±0.06
Ca^{2+}	0.45±0.24	0.79±0.07	0.11±0.24	0.48±0.03
II．异戊二烯衍生物				
甲基四氢呋喃	0.83±0.03	0.63±0.04	0.41±0.11	0.65±0.09
2-甲基甘油酸	5.18±1.21	0.64±0.03	0.45±0.03	0.84±0.07
C$_5$-烯三醇	16.21±3.32	0.73±0.04	5.34±0.12	0.66±0.05
2-甲基丁四醇	6.77±0.59	0.65±0.12	1.85±0.324	0.47±0.13

项目	细模态（<2.1μm）		粗模态（>2.1μm）	
	浓度/(μg·m⁻³)	GMD/μm	浓度/(μg·m⁻³)	GMD/μm
III. α-/β-蒎烯衍生物				
蒎酮酸	3.63±0.45	0.74±0.31	1.42±0.22	0.56±0.06
3-羟基戊二酸	1.67±0.43	0.74±0.06	0.73±0.12	6.34±2.18
3-甲基-1,2,3-丁三酸（MBTCA）	2.96±0.47	0.84±0.37	0.52±0.23	5.23±1.42
IV. β-石竹烯衍生物				
β-石竹酸	2.74±0.33	0.63±0.04	1.02±0.53	4.83±1.52
V. 其他SOA物质				
丁二酸	6.94±1.52	0.64±0.07	2.23±0.43	0.46±0.05
戊二酸	2.47±0.36	0.75±0.14	0.85±0.03	7.48±1.63
苹果酸	6.46±1.23	0.83±0.04	2.75±0.54	6.37±1.23
o-邻苯二甲酸	5.53±0.65	0.87±0.31	2.45±0.05	5.68±0.67
m-邻苯二甲酸	1.78±0.42	0.69±0.24	0.93±0.11	6.26±1.54
p-邻苯二甲酸	2.46±0.52	0.36±0.05	0.63±0.09	7.23±1.85
左旋葡聚糖	14.38±2.55	0.72±0.04	3.73±0.16	8.15±2.23
阿拉伯糖醇	5.69±1.38	0.58±0.03	2.04±0.26	3.76±0.83

BVOCs在大气中氧化的过程反应中经过气粒转换、多相聚合、缩聚反应等复杂步骤而生成SOA，伴随SOA的反应过程也会产生一些大气新颗粒物，这些新生成的纳米级颗粒物可以作为云凝结核，显著增加云辐射效应，这些粒子也会进入肺泡和血液对人体造成损伤。新颗粒物的生成机制主要需要两个过程：①稳定的大气成核中性分子簇（1~3nm）；②这些分子簇增长为纳米颗粒物（>3nm）。新粒子成核和增长的重要驱动力就是有高浓度的凝结蒸气，包括硫酸盐和其他通过光化学氧化反应生成的低饱和蒸汽压有机化合物质。一些研究表明，单萜烯氧化生成的部分有机酸能够和硫酸盐成核形成一些稳定的分子簇，因此硫酸盐在新粒子成核和增长过程中的贡献率在几个百分点到几十个百分点。Guo等（2012）在亚热带山区观测到新颗粒物生成速率为0.97~10.2cm⁻³·s⁻¹，平均增长速率为1.5~8.4nm·h⁻¹。新颗粒物生成一般在10:00~11:00达到高峰，生产新粒子直径为6~10nm。研究还发现，新颗粒物的生成有利的天气状况为太阳辐射、风速、硫酸盐和臭氧（O₃）浓度都会相对较高，而温度、相对湿度和白天NO₂浓度

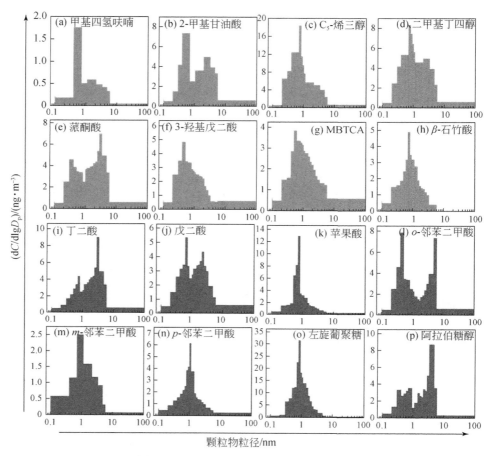

图 7-4　生物质有机气溶胶粒径分布特征

相对较低。硫酸盐浓度与新颗粒物生产速率紧密相关，硫酸盐对新粒子生成的贡献率为 $9.2\% \sim 52.5\%$。单萜烯被臭氧氧化速率与新粒子生成速率具有正相关关系。这些发现表明，在大气新颗粒物粒子的成核和增长过程中，硫酸盐是新纳米颗粒物粒子中贡献率最大和增长最多的成分。Han 等（2014）采用在线高分辨率质谱仪（AMS）分析了日本森林地区生物质二次有机气溶胶的分子组成、各物质质量浓度、SOA 质谱图和有机化合物粒径分布，研究发现了一些 SOA 成核的标志性碎片。研究结果表明，一些亚微细粒子中包含有机化合物（46%）、硫酸盐（41%）和铵盐（12%）。通过 AMS 分析识别了氧化性有机气溶胶的两种重要成分：高氧化性低挥发性的氧化性气溶胶和低氧化性半挥发性的有机气溶胶，后者是 BSOA 的光氧化产物。标志性碎片 m/z 44 粒子浓度的增长，说明大气中 BSOA

的形成导致有机气溶胶（OA）被大量氧化产生一些氧化性产物。上述这些研究开发的 BSOA 的标志性碎片，都为实地监测二次有机气溶胶提供了线索，但由于仪器精度、观测条件的限制，今后对 SOA 产率和形成机理的研究还要结合室内模拟与野外现场观测结果加强比对。

7.3　森林植被挥发性有机化合物形成二次有机气溶胶的机制

植物源挥发性有机化合物是二次有机气溶胶（SOA）的重要前体物，对大气化学产生重要影响。SOA 对大气辐射平衡的影响主要是通过其形成的颗粒物数浓度、粒径分布和组成等因素，这些因素都会对气溶胶的光学性质和云凝结核（CCN）活性产生影响，所以理解大气颗粒物成核和增长机制对评价其对 SOA 的影响具有重要作用。测定不同 O_3 浓度氧化条件下 BVOCs 的种类和释放量、SOA 的生成和转化过程，认识不同反应条件下的反应机制，识别 SOA 生成及累积的重要反应条件，有助于了解植物源挥发物向二次有机气溶胶转化机制。本研究采用两个独立的生长箱和反应箱设备，研究真实植物排放的 BVOCs 被氧化剂氧化后生成 SOA 的过程。在生长箱内测定植物排放的 BVOCs 物种，并将生长箱内的 BVOCs 引入光化学反应箱，在一定的反应条件下，测定 BVOCs 的转化速率。通过研究反应箱内颗粒物粒径分布和组分变化，探讨 SOA 形成机制。

7.4　植物源挥发性有机化合物反应生成二次有机气溶胶的烟雾箱模拟

7.4.1　O_3 对植物排放萜烯类化合物的影响

BVOCs 能够与大气中的氮氧化物和 OH 自由基发生氧化–还原反应生成各种二次污染物，增加大气污染复杂性并改变大气成分和活性，形成二次有机气溶胶（SOA），造成大气能见度降低，加重雾霾和灰霾天气。本研究模拟植物真实排放的 BVOCs 形成 SOA 过程，既可以发挥烟雾箱模拟的优势，获得 SOA 生成的定量分析；还能体现大气物种反应体系的复杂性，对深入认识并定量研究 SOA 的形成机制具有重要意义。

本试验是在室内环境模拟植物排放的萜烯类物质在 O_3 氧化条件下，挥发物发生氧化反应，各种挥发物因化学特性的不同与 O_3 反应的速率及时间具有一定的差异。

在试验开始前先对不同 O_3 浓度条件下试验树种油松单萜烯物质的初始排放速率进行了测定，如表7-3所示。可以看出，单萜烯中 α-蒎烯和 β-蒎烯排放速率在 $100nL \cdot L^{-1}$、$200nL \cdot L^{-1}$ 和 $400nL \cdot L^{-1}$ O_3 浓度条件下较高，分别为（14.27 ± 2.86）$\mu g \cdot h^{-1} \cdot g^{-1}$、（$13.26\pm2.23$）$\mu g \cdot h^{-1} \cdot g^{-1}$、（$14.78\pm3.04$）$\mu g \cdot h^{-1} \cdot g^{-1}$ 和（6.06 ± 0.87）$\mu g \cdot h^{-1} \cdot g^{-1}$、（$6.33\pm1.01$）$\mu g \cdot h^{-1} \cdot g^{-1}$、（$4.23\pm0.48$）$\mu g \cdot h^{-1} \cdot g^{-1}$。在不同 O_3 浓度条件下，β-月桂烯、α-法尼烯、柠檬烯初始排放速率随着 O_3 浓度的增加而有所升高。

表7-3　不同 O_3 浓度下油松单萜烯初始排放速率（试验开始之前）

（单位：$\mu g \cdot h^{-1} \cdot g^{-1}$）

单萜烯物质	$100nL \cdot L^{-1}$	$200nL \cdot L^{-1}$	$400nL \cdot L^{-1}$
α-蒎烯	14.27±2.86	13.26±2.23	14.78±3.04
柠檬烯	4.14±0.62	4.45±0.68	4.78±0.78
β-月桂烯	3.18±0.43	3.22±0.51	3.26±0.47
α-法尼烯	1.54±0.12	1.88±0.16	2.01±0.23
β-蒎烯	6.06±0.87	6.33±1.01	4.23±0.48
β-石竹烯	3.06±0.54	3.86±0.65	2.23±0.33
总计	32.25±5.23	32.96±5.45	31.29±5.01

注：数据为平均值±S. E.（$n=12$）。

试验对反应前后反应箱进气口和出气口单萜烯浓度进行了差异性分析（图7-5）。从图7-5中可以看出，进气口和出气口中单萜烯各物质浓度在不同 O_3 浓度条件下差异性显著，这说明单萜烯各物质都与 O_3 进行了反应，导致浓度下降。O_3 浓度在 $100nL \cdot L^{-1}$ 条件下，β-石竹烯浓度消耗最多，减少了94.9%；α-蒎烯浓度消耗最少，减少了24.3%。O_3 浓度在 $200nL \cdot L^{-1}$ 条件下，β-石竹烯浓度消耗最多，减少了94.9%；柠檬烯浓度消耗最少，减少了22.3%。O_3 浓度在 $400nL \cdot L^{-1}$ 条件下，β-石竹烯浓度消耗最多，减少了99.2%；柠檬烯浓度消耗最少，减少了53.4%。

在不同 O_3 浓度条件下单萜烯物质的相对含量经过反应后也具有显著性的差异（表7-4）。从表7-4中可以看出，单萜烯物质在经过 O_3 氧化后相对含量大都逐渐降低，而 α-法尼烯的相对含量则在经 O_3（浓度 $100nL \cdot L^{-1}$）氧化后有所升

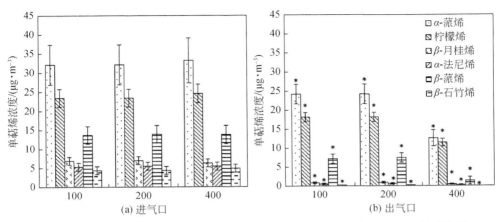

图 7-5　不同 O_3 浓度条件下油松单萜烯浓度在反应前（a）和反应后（b）浓度差异

数据为平均值±标准误，$n=12$。*代表置信区间为 0.05 水平上统计学显著差异

高（$p=0.167$）。在 O_3 浓度 100nL·L^{-1} 条件下，除 α-法尼烯外的各物质相对浓度反应前后具有显著性差异，α-蒎烯、柠檬烯、β-月桂烯、β-蒎烯、β-石竹烯相对含量分别减少了 23.4%、29.4%、25.7%、15.3% 和 22.2%；在 O_3 浓度 200nL·L^{-1}条件下，各物质相对浓度反应前后具有显著性差异，α-蒎烯、柠檬烯、β-月桂烯、α-法尼烯、β-蒎烯、β-石竹烯相对含量分别减少了 39.1%、51.1%、40.7%、47.7%、39.2% 和 33.8%；在 O_3 浓度 400nL·L^{-1} 条件下，各物质相对浓度反应前后具有显著性差异，α-蒎烯、柠檬烯、β-月桂烯、α-法尼烯、β-蒎烯、β-石竹烯相对含量分别减少了 85.5%、84.1%、89.2%、88.1%、69.9% 和 81.3%。

表 7-4　不同 O_3 浓度下单萜烯物质相对含量反应前后变化　（单位:%）

单萜烯物质	100nL·L^{-1}		200nL·L^{-1}		400nL·L^{-1}	
	进口	出口	进口	出口	进口	出口
α-蒎烯	38.23±7.23	29.25±3.08 *	38.24±6.82	23.26±2.33 *	40.23±8.25	5.83±0.32 *
柠檬烯	13.37±2.33	9.43±1.22 *	12.98±1.43	6.35±0.48 *	13.66±2.04	2.17±0.26 *
β-月桂烯	11.56±1.28	8.58±0.98 *	11.36±1.32	6.74±0.61 *	12.54±1.16	1.36±0.23 *
α-法尼烯	6.48±0.45	7.31±0.65	6.85±0.74	3.58±0.35 *	7.32±0.54	0.87±0.08 *
β-蒎烯	21.22±3.53	17.96±2.43 *	20.87±2.79	12.67±1.37 *	21.76±2.46	6.54±0.96 *
β-石竹烯	10.85±1.86	8.44±0.83 *	10.32±1.42	6.83±0.64 *	11.33±1.17	2.12±0.38 *
O_3 消耗量		32.54±5.38		22.64±2.45		16.73±1.26

*代表置信区间为 0.05 水平上统计学显著差异。

7.4.2　植物源萜烯类化合物转化二次有机气溶胶

新生成的颗粒物数浓度和平均粒径随着 O_3 浓度而变化是因为植物萜烯类化合物具有可压缩高反应活性，能够在 O_3 氧化分解下新生成更多的粒子。图 7-6 是在不同 O_3 浓度条件下单萜烯物质与 O_3 反应后反应箱内颗粒物数浓度和粒径的分布情况。从图 7-6 中可以看出，颗粒物数浓度和粒径分布随施加 O_3 浓度的升高而增大。当 O_3 浓度从 $100nL \cdot L^{-1}$ 提高到 $400nL \cdot L^{-1}$ 时，颗粒物数量浓度增加了 3760 个 $\cdot cm^{-3}$，颗粒物的粒径从 9.8nm 增加到 25.53nm。当 O_3 浓度为 $200nL \cdot L^{-1}$ 和 $400nL \cdot L^{-1}$ 时，颗粒物粒径增加明显说明有新生粒子生成，而 O_3 浓度为 $100nL \cdot L^{-1}$ 时，颗粒物数浓度很低，粒径变化也不明显，说明没有新生粒子生成。所以，当 O_3 浓度较高时，植物排放的萜烯类物质与 O_3 充分反应不仅能提高新生粒子的数浓度，还能产生粒径较大的颗粒物。

O_3 氧化植物释放的挥发物发生催化氧化反应，自身也得到消耗，在 $100nL \cdot L^{-1}$、$200nL \cdot L^{-1}$ 和 $400nL \cdot L^{-1}$ 条件下，O_3 分别消耗了 32.54%、22.64% 和 16.73%。通过相关性分析，不同 O_3 浓度条件下 O_3 的消耗量与萜烯类物质反应量呈正相关 $[\alpha\text{-蒎烯}（R^2 = 0.763，p = 0.038）、柠檬烯（R^2 = 0.682，p = 0.024）、\beta\text{-月桂烯}（R^2 = 0.647，p = 0.011）]$，与新生粒子数量浓度也呈正相关。

为了反映萜烯类物质在不同浓度 O_3 条件下颗粒物新生粒子在不同反应时间下的产生过程，本研究将反应时间、颗粒物数浓度变化和粒径组成进行同时分析，并对数据进行克里格插值，得到不同粒径新生颗粒物随反应时间变化的等值线图（图 7-7）。从图 7-7 中可以看出，在 O_3 浓度 $100nL \cdot L^{-1}$ 下，随着反应时间的进行，颗粒物数浓度从 65 个 $\cdot cm^{-3}$ 增加到 120 个 $\cdot cm^{-3}$，并在反应时长 75s 左右颗粒物数浓度达到最大；在 O_3 浓度 $200nL \cdot L^{-1}$ 下，随着反应时间的进行，颗粒物数浓度呈波浪形分布，从 97 个 $\cdot cm^{-3}$ 增加到 2070 个 $\cdot cm^{-3}$，并在反应时长 68s、362s、413s、623s、685s 和 732s 左右颗粒物数浓度达到峰值；在 O_3 浓度 $400nL \cdot L^{-1}$ 下，随着反应时间的进行，颗粒物数浓度从 270 个 $\cdot cm^{-3}$ 增加到 8120 个 $\cdot cm^{-3}$，并在反应时长 313s、323s、448s、536s、545s、586s、623s、685s、723s、865s 和 878s 左右颗粒物数浓度达到多个峰值。

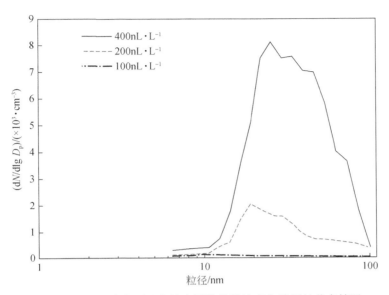

图 7-6　不同 O_3 浓度下反应箱内颗粒物数浓度和粒径的分布情况

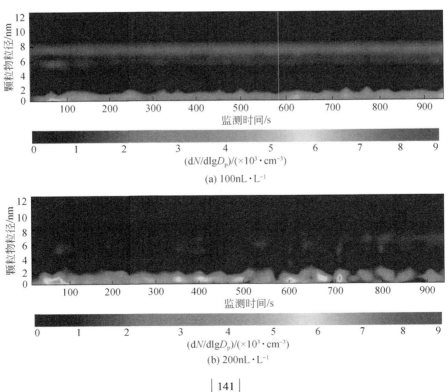

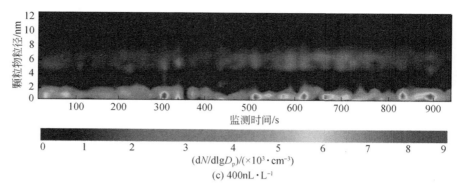

(c) 400nL·L⁻¹

图 7-7 不同 O_3 浓度下反应箱中不同粒径颗粒物随时间的分布情况

7.4.3 植物排放萜烯类化合物臭氧分解反应机理

单萜烯能够被大气中的 O_3 和·OH 氧化。运用数学模拟方法在室内臭氧条件下模拟单萜烯的氧化反应，单萜烯被 O_3 和·OH 的氧化是利用其初始浓度值。本研究中没有考虑 NO_x 及其氧化作用，加之本研究试验中是利用臭氧发生器还不是利用紫外灯来产生臭氧，氮氧化物浓度很低，其作用可以忽略不计。本研究利用 Lamb 提出的反应动力学方程。该模型中化学模型计算臭氧氧化反应动力学方程如下：

$$\frac{dC_{O_3}}{dt} = \frac{dC_{terpene}}{dt} = -k_i \, C_{O_3} \, C_{terpene} \tag{7-4}$$

式中，C_{O_3} 是臭氧浓度（$mol \cdot m^{-3}$）；$C_{terpene}$ 是反应中萜烯类物质浓度（$mol \cdot m^{-3}$）；t 为时间；k_i 是氧化反应系数（$m^3 \cdot mol^{-1} \cdot s^{-1}$）。

OH 自由基氧化动力学方程模型如下：

$$\frac{dC_{\cdot OH}}{dt} = \frac{dC_{terpene}}{dt} = -k_j C_{\cdot OH} C_{terpene} \tag{7-5}$$

式中，$C_{\cdot OH}$ 是羟基自由基浓度（$mol \cdot m^{-3}$）；$C_{terpene}$ 是反应中萜烯类物质浓度（$mol \cdot m^{-3}$）；t 为时间；k_j 是氧化反应系数（$m^3 \cdot mol^{-1} \cdot s^{-1}$）。

在臭氧氧化反应中 OH 自由基的产率计算方程如下：

$$\frac{dC_{\cdot OH}}{dt} = = \gamma k_i C_{O_3} C_{terpene} \tag{7-6}$$

式中，γ 是臭氧氧化反应中羟基自由基的产量。

　　上述臭氧氧化动力学方程的数值计算采用吉尔方法（Gear's method）。氧化反应系数根据光化学烟雾实验给出了相关的经验值（表7-5）。不同动力学方程中的反应动力学参数利用向后微分公式进行计算。

表7-5　各物质的臭氧（O_3）和羟基自由基（·OH）氧化反应系数

物质	臭氧氧化反应系数	羟基自由基氧化反应系数
α-侧柏烯	62	71
α-蒎烯	86.6	53.7
香桧烯	86	117
β-蒎烯	15	78.9
月桂烯	470	215
柠檬烯	200	171

　　通过利用臭氧氧化反应动力学方程模拟萜烯类物质在不同 O_3 浓度条件下的氧化分解过程，图7-8为萜烯类物质在不同 O_3 浓度条件下反应前后浓度变化模拟结果。从图7-8中可以看出，所有萜烯类物质浓度都随着 O_3 浓度的升高而减少，而且 O_3 浓度变化越大，萜烯类物质浓度减少的幅度也越大。在 O_3 浓度 $100nL \cdot L^{-1}$ 条件下，α-蒎烯、柠檬烯、β-月桂烯、α-法尼烯、β-蒎烯、β-石竹烯浓度分别减少了 42.1%、32.7%、38.6%、40.3%、34.5% 和 31.5%；在 O_3 浓度 $200nL \cdot L^{-1}$ 条件下，α-蒎烯、柠檬烯、β-月桂烯、α-法尼烯、β-蒎烯、β-石竹烯浓度分别减少了 37.4%、48.6%、42.3%、45.3%、33.7% 和 32.1%；在 O_3 浓度 $400nL \cdot L^{-1}$ 条件下，α-蒎烯、柠檬烯、β-月桂烯、α-法尼烯、β-蒎烯、β-石竹烯浓度分别减少了 79.8%、82.6%、81.4%、83.6%、67.5% 和 78.2%。

　　为了检验模型模拟的精度，采用模拟值与实际测量值的比率来对比模型模拟的结果是否满足实际监测。通过计算，在 O_3 浓度 $100nL \cdot L^{-1}$ 条件下，模拟值与实际监测值比率为 72%～121%，说明模型模拟精度良好，能够模拟植物萜烯类物质在低浓度 O_3 条件下发生的氧化分解反应过程；在高浓度 O_3 条件下，模拟值与实际监测值比率为 53%～82%，模型模拟的精度有所下降，这可能是由于在高浓度 O_3 条件下萜烯类物质与 O_3 除了发生氧化分解反应外，其反应产物也与 O_3 发生反应，导致萜烯类物质反应产率下降影响了模拟结果的准确度。就具体萜烯类物质而言，α-蒎烯、柠檬烯和 β-月桂烯模型模拟结果较好，在 O_3 浓度 $100 \sim 400nL \cdot L^{-1}$，模型精度比率为 82.9%～121%；而 α-法尼烯、β-蒎烯在低浓度 $100 \sim 200nL \cdot L^{-1} O_3$ 条件下，模型模拟精度比率较高，为 76.1%～106%，而在高

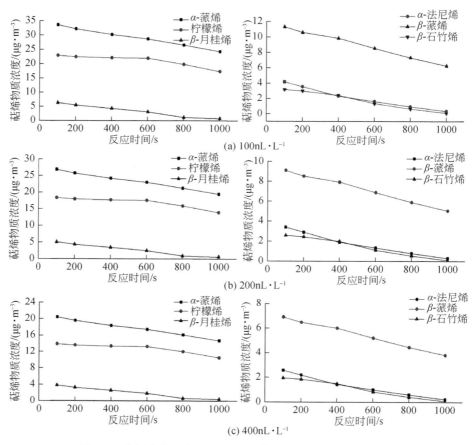

图 7-8　萜烯类物质在不同 O_3 浓度条件下浓度变化模拟结果

浓度 400nL·L^{-1} O_3 条件下，模型模拟精度比率有所降低，为 63.5%~83.4%。模型模拟中，α-法尼烯、β-蒎烯等物质模拟精度下降可能是因为反应箱的壁效应导致这些物质有部分损失。

　　本研究实验结果中 O_3 的消耗与 α-蒎烯等物质浓度减少的关系以及颗粒物粒径的变化表明萜烯类物质是二次有机气溶胶产生的主要贡献者。萜烯类物质被臭氧氧化，导致各物质占比发生变化。但并不是所有萜烯类物质都能够与臭氧发生反应，研究发现桉树脑并不会与臭氧发生反应，因为其具有环化醚官能团。双环烃类物质要生成二次有机气溶胶的潜力要高于单环烃类物质，除此以外，多元不饱和烃类物质如柠檬烯对二次有机气溶胶的贡献很大。研究表明，倍半萜烯也能够促进二次有机气溶胶的生成。Vanreken 等（2006）利用灌木树种研究了在不

同浓度 O_3 条件下二次有机气溶胶的生成和增长。研究发现，灌木树种能够排放大量的倍半萜烯，在 $200nL \cdot L^{-1}$ 和 $400nL \cdot L^{-1}O_3$ 高浓度条件下，二次有机气溶胶大量产生并发生粒径的凝聚增长。

大气中的成核现象在不同地域、不同季节都会发生，成核过程主要受制于大气环境条件和成核前体物浓度。单萜烯是重要的生物源挥发物，其含量占总挥发物的 11% 以上，α-蒎烯和 β-蒎烯是主要的单萜烯物质，α-蒎烯是具有内环双键的二环碳氢化合物，β-蒎烯是具有外环的二环碳氢化合物，两者分子结构的不同导致它们与 $\cdot OH$、NO_3 和 O_3 等的反应降解产物有所不同，进而影响成核效率。从目前的研究来看，单萜烯被氧化能够产生颗粒物、二次有机气溶胶，产率在 5%~10%，但对成核的机制以及对核化和凝聚的物种仍然不明确。评价单萜烯对大气气溶胶的影响要考虑对流层环境条件（包括前体物浓度、大气气溶胶本底值和大气温度）对其成核和增长的影响。

森林是 BVOCs 的主要来源，对 O_3 和 SOA 的形成具有重要影响。森林冠层上的大气化学动力学反应是森林内部与外界大气的气体交换过程，目前对冠层上气相化学反应过程中的主要问题即冠层内的大气湍流和 BVOCs 的降解机制研究已较深入，而对森林内气溶胶形成过程还是缺乏大量的研究。光分解速率、温度、BVOCs 混合速率和其他污染气体在冠层上方和下方存在一个气压解耦条件，这意味着冠层上方和下方的化学反应过程存在较大的差异，从中可以看出冠层上方和下方 SOA 的形成和损失过程的效率也有所不同。

SOA 的形成受萜烯类物质与 O_3 氧化反应及其反应温度和湿度的综合影响。大量的实验室模拟研究表明，SOA 的产率取决于有机前体物浓度和氧化物质（$\cdot OH$、O_3 和 NO_3）降解时间。研究表明，其他环境因素也可以影响 SOA 产率，颗粒相的酸性和化学反应过程，大气湿度、温度能够控制半挥发物的相平衡从而形成可压缩的分子。大量的研究也是围绕 α-蒎烯和柠檬烯在室温条件下（290 ~ 303K）开展的，这些研究都表明 SOA 合成对于在对流层条件下温度的依赖性的准确估计将提高我们对单帖烯臭氧氧化的物理和化学机制的理解。Saathoff 等（2009）研究了 α-蒎烯（243 ~ 313K）和柠檬烯（252 ~ 313K）在不同温度下 SOA 的产率。α-蒎烯在室温下 SOA 的产率很低，但比柠檬烯对温度的依赖性要强，α-蒎烯和柠檬烯的 SOA 产率在温度从 243K 提高到 313K 时，产率分别增加了 5 ~ 10 倍和 2.5 倍，湿度对 SOA 的产率影响在 253K 最大。研究还利用 COSIMA-SOA 模型，用单个物质产率系数、气压、分配系数和调节系数来模拟 SOA 形成过程。单萜烯臭氧氧化产物是多种多功能产物，其中大部分都具有酸性功能，由于它们的低挥发性，相对较大的分子质量如一些二羧酸等是气粒反应转化过程的关键物质。一些野外观测实验还发现，一些有机酸也是 BVOCs 臭氧氧化分解的产物，如蒎酸、酮蒎酸、降蒎酸以及相应物质的同分异构体，这些产物对 SOA 的形成具有复杂的多功能作用。

7.5　本章小结

本章采用室内模拟方法模拟植物萜烯类物质经过 O_3 氧化向二次有机气溶胶生成的过程，探讨了 O_3 对萜烯类物质成分及相对含量的影响，萜烯类物质转化为二次有机气溶胶的形成机理，以及萜烯类物质臭氧氧化分解反应的机制。主要结论如下：

1）萜烯类物质大部分都能与 O_3 发生反应，随着 O_3 浓度的升高，萜烯类物与 O_3 反应更强烈，浓度减少越大。单萜烯各物质都与 O_3 进行了反应，导致浓度下降。O_3 浓度在 $100nL \cdot L^{-1}$ 条件下，β-石竹烯浓度消耗最多，减少了94.9%；α-蒎烯浓度消耗最少，减少了 24.3%。O_3 浓度在 $200nL \cdot L^{-1}$ 条件下，β-石竹烯浓度消耗最多，减少了 94.9%；柠檬烯浓度消耗最少，减少了 22.3%。O_3 浓度在 $400nL \cdot L^{-1}$ 条件下，β-石竹烯浓度消耗最多，减少了 99.2%；柠檬烯浓度消耗最少，减少了 53.4%。

2）萜烯类物质与 O_3 发生反应生产的颗粒物数量浓度和粒径分布随着施加 O_3 浓度的升高而增大。当 O_3 浓度从 $100nL \cdot L^{-1}$ 提高到 $400nL \cdot L^{-1}$ 时，颗粒物数浓度增加了 3760 个 $\cdot cm^{-3}$，颗粒物的粒径从 9.8nm 增加到 25.53nm。当 O_3 浓度为 $200nL \cdot L^{-1}$ 和 $400nL \cdot L^{-1}$ 时，颗粒物粒径增加明显说明有新生粒子生成，而 O_3 浓度为 $100nL \cdot L^{-1}$ 时，颗粒物数浓度很低，粒径变化也不明显，说明没有新生粒子生成。

3）萜烯类物质对二次有机气溶胶的生成和增长贡献很大。当 O_3 浓度较高时，植物排放的萜烯类物质与 O_3 充分反应不仅能提高新生粒子的数浓度还能产生粒径较大的颗粒物。

8 森林植被排放的挥发性有机化合物臭氧潜势分析

我国城市和区域大气污染严重，大气臭氧浓度近年呈现明显的上升趋势。臭氧污染的区域性特征，以及大气氧化性增强等现象，也引起越来越多的关注。2013～2017年京津冀地区夏季臭氧八小时最大日平均浓度（MDA8）的平均增长速率为 $3.1\mu g \cdot m^{-3} \cdot a^{-1}$。2019年北京市6月、7月、9月臭氧分别超标19天、18天、15天，与2017年、2018年相比，2019年的超标天数均高于前两年同期。2019年北京市臭氧日最大8小时平均值第90百分位数为 $226\mu g \cdot m^{-3}$，为近三年最高。大气臭氧不仅影响人体健康，还会对生态系统产生不利影响，造成森林死亡和农作物减产。例如，光氧化剂臭氧浓度升高会对小麦的光合作用产生抑制，最终导致产量大幅下降，由光化学污染造成的产量损失不容忽视。

植物排放的挥发性有机化合物是大气臭氧的关键前体物之一。OH自由基引发BVOCs降解产生 $RO_2 \cdot$ 等自由基，随后将NO转化为 NO_2，最终导致臭氧积累。BVOCs排放量占全球非甲烷挥发性有机化合物（NMVOCs）的90%，国内研究者估算出我国天然源VOCs排放量为12.83～17.1TgC。北京市园林绿地植被挥发性有机化合物2000年的排放总量为3.85万t。在发达城市地区，尽管来自人为源的VOCs（AVOCs）排放量很大，但不应忽视BVOCs对臭氧和二次有机气溶胶生成的贡献。因为与AVOCs相比，污染区大气中的BVOCs浓度虽然相对较低，但由于BVOCs主要为活性较强的异戊二烯和萜烯类化合物，BVOCs可对二次氧化剂做出显著贡献。Pang等（2009）研究也表明春夏秋三季植物排放异戊二烯对北京市大气臭氧形成潜势的贡献为6.38%～29.9%。Li等（2018）、Liu等（2018）定量分析发现关中地区和长三角地区夏季BVOCs对臭氧生成的贡献分别为 $4.2\mu g \cdot m^{-3}$ 和 $18.4～36.2\mu g \cdot m^{-3}$。

8.1 BVOCs对大气臭氧的影响

BVOCs种类繁多，各组分之间的化学反应活性和反应机制差异十分大，对臭氧的生成贡献也不同。另外，各个植物物种排放的 BVOCs 种类差异很大，对臭氧的生成贡献也有差异。目前还没有统一的标准方法来计算挥发性有机化合物对臭氧的贡献。植物源挥发性有机化合物对近地面臭氧的影响研究可以采用臭氧生成潜势法以及与 OH 自由基反应活性法等方法来评估。

最大增量反应活性（maximum incremental reactivity，MIR）表示在给定的 VOCs 气团中，增加单位量的 VOCs 所产生的 O_3 浓度的最大增量。通过 MIR 可以计算各 VOCs 最大生成臭氧的能力，即臭氧生成潜势（ozone formation potentials，OFP）。臭氧生成潜势较高的 VOC 组分需要优先进行控制。但基于最大增量反应活性计算的臭氧生成潜势考虑的是臭氧生成的最理想情况，与实际环境特征有所差异，会高估臭氧的生成。最大增量反应活性法估算臭氧生成潜势（OFP）的计算如下。

OFP 为某挥发性有机化合物环境浓度与该挥发性有机化合物的 MIR 系数的乘积，计算公式为

$$OFP_i = MIR_i \times [VOC]_i \tag{8-1}$$

式中，$[VOC]_i$ 为实际观测中的某挥发性有机化合物大气环境浓度；MIR_i 为某挥发性有机化合物在臭氧最大增量反应中的臭氧生成系数，本研究采用 Carter 研究的 MIR 系数（g $O^3 \cdot g^{-1}$ VOCs）。

不同挥发物的 MIR 值如表 8-1 所示。

表 8-1　不同挥发物 MIR 值表

项目	挥发物	MIR	项目	挥发物	MIR
烷烃	正戊烷	0.33	烷烃	正庚烷	0.26
	环戊烷	0.76		3-甲基庚烷	0.31
	甲基环戊烷	0.9		甲基环己烷	0.59
	2,3-二甲基戊烷	0.41		正辛烷	0.19
	乙基环戊烷	0.73		正壬烷	0.17
	正己烷	0.31		正癸烷	0.146
	环己烷	0.41		正十一烷	0.132
	2,5-二甲基己烷	0.52		正十二烷	0.118
	乙基环己烷	0.62		正十三烷	0.110
	1,3-二乙基-5-甲基环己烷	0.84		正十四烷	0.100

续表

项目	挥发物	MIR	项目	挥发物	MIR
芳香烃	苯	0.135	酮类	丙酮	0.18
	甲苯	0.88		甲基乙基酮	0.38
	1，3，5-三甲基苯	3.2	烯烃	异戊二烯	2.9
	间二甲苯	2.6		α-蒎烯	1.04
	邻（对）二甲苯	2.1		β-蒎烯	1.40
	乙苯	0.86		2-甲基-2-丁烯	2.1
	正丙苯	0.68		二戊烯	2.8
	异丙苯	0.43		环戊烯	2.4
	萘	0.37		环己烯	1.8
	甲基萘	1.05	醇类	甲醇	0.18
	苯乙烯	0.71		正丙醇	0.72
醚类	醚类	0.20		正丁醇	0.86
				异丁醇	0.62

从表 8-1 中可以看出，植物排放的异戊二烯的 MIR 值为 2.9，α-蒎烯和 β-蒎烯的 MIR 值分别为 1.04 和 1.40，比其他大部分有机化合物的 MIR 值高出 2 倍以上。因此，在城市绿化率逐渐增加的情况下，植物源挥发性有机化合物对环境大气中臭氧浓度的影响将会越来越大。

·OH 反应性（·OH 反应速率常数乘以 BVOCs 排放速率）也可以揭示 BVOCs 排放对大气臭氧的贡献。表 8-2 总结了 24 种优势树种 BVOCs 的·OH 反应性（每克叶干重每小时在 10 L 气体中的 BVOCs 的反应性）。

表 8-2　北京 24 种优势树种排放 BVOCs 的·OH 反应性（单位：s^{-1}）

树种	异戊二烯	α-蒎烯	β-蒎烯	γ-萜品烯	β-萜品烯	柠檬烯	(+)-4-蒈烯	罗勒烯	总·OH 反应性
油松	9.68×10^1	1.40×10^1	6.34×10^0		4.76×10^{-8}	9.62×10^0	8.60×10^{-1}		1.27×10^2
乔松		1.07×10^1	1.16×10^1		1.19×10^{-8}	1.17×10^1			3.40×10^1
华山松	5.89×10^{-1}	1.66×10^1	9.97×10^0						2.72×10^1
矮紫杉	5.76×10^2								5.76×10^2
圆柏	1.96×10^{-1}	2.13×10^0		1.50×10^0	2.98×10^{-8}	3.38×10^1			3.76×10^1
侧柏	1.57×10^2	7.64×10^{-1}	1.33×10^1	2.59×10^{-1}		2.57×10^1			1.97×10^2

树种	异戊二烯	α-蒎烯	β-蒎烯	γ-萜品烯	β-萜品烯	柠檬烯	(+)-4-蒈烯	罗勒烯	总·OH反应性
榆叶梅		7.36×10^{0}			9.82×10^{-7}				7.36×10^{0}
垂枝榆	5.20×10^{0}		2.34×10^{0}		7.44×10^{-8}	5.14×10^{1}			5.90×10^{1}
大叶黄杨		5.69×10^{0}	1.16×10^{1}		3.55×10^{-7}		2.14×10^{0}	3.11×10^{-8}	1.94×10^{1}
金银木	9.00×10^{2}								9.01×10^{2}
金叶女贞		4.19×10^{0}	8.32×10^{0}		2.10×10^{-7}			1.81×10^{-7}	1.32×10^{1}
早园竹	6.19×10^{2}	1.95×10^{1}							6.39×10^{2}
华东椴		2.08×10^{1}							2.08×10^{1}
望春玉兰	3.38×10^{2}	5.68×10^{0}			1.21×10^{-6}				3.44×10^{2}
槲栎	2.42×10^{2}	1.55×10^{1}				1.33×10^{1}			2.70×10^{2}
元宝枫	5.13×10^{0}	7.39×10^{-1}	5.41×10^{0}	2.08×10^{0}		2.55×10^{1}			3.89×10^{1}
鹅掌楸		2.37×10^{0}	3.98×10^{0}	1.59×10^{0}	3.40×10^{-9}	1.87×10^{1}		9.83×10^{-8}	2.66×10^{1}
鹅耳枥	2.52×10^{1}								2.52×10^{1}
旱柳	6.63×10^{2}								6.63×10^{2}
毛白杨	3.05×10^{2}	9.16×10^{0}	5.37×10^{0}		2.73×10^{-8}	1.80×10^{1}	6.64×10^{0}		3.45×10^{2}
刺槐	1.13×10^{3}	4.75×10^{0}			1.01×10^{-7}	6.58×10^{0}			1.15×10^{3}
国槐	3.69×10^{2}	1.47×10^{1}			7.65×10^{-7}				3.84×10^{2}
栾树		1.60×10^{1}			3.89×10^{-7}				1.60×10^{1}
美桐	2.10×10^{3}	1.57×10^{1}			3.98×10^{-7}			2.93×10^{-8}	2.11×10^{3}

从表8-2中可以看出，刺槐、金银木、美桐排放BVOCs的·OH反应性最高。与其他BVOCs相比，异戊二烯、α-蒎烯、β-蒎烯、柠檬烯的·OH反应性较高。而且，大多数树种的异戊二烯、α-蒎烯、β-蒎烯的排放率很高。因此，树种的·OH反应性主要取决于异戊二烯、单萜烯的排放速率。

8.2 本章小结

1）植物源挥发性有机化合物中的主要成分中异戊二烯、α-蒎烯以及β-蒎烯的反应活性很强，对大气中臭氧的贡献不可忽视。

2）各个树种对大气臭氧的贡献也有很大差异，其中刺槐、金银木、美桐排放BVOCs的·OH反应性最高。

9 | 森林 BVOCs 排放特征及绿化配置建议

9.1 森林不同树种 BVOCs 排放特征

9.1.1 河北省森林不同树种 BVOCs 排放量

表 9-1 与表 9-2 分别为河北省森林 BVOCs 排放量及各树种和各城市的贡献率。

表 9-1 河北省森林不同树种 BVOCs 排放量及各树种贡献率

树种	异戊二烯		单萜烯		其他 VOCs		总 BVOCs	
	排放量 /(t C·a^{-1})	贡献率 /%	排放量 /(t C·a^{-1})	贡献率/%	排放量 /(t C·a^{-1})	贡献率 /%	排放量 /(t C·a^{-1})	贡献率/%
杨树	15 274.83	13.13	1 142.90	5.52	3 697.60	24.56	20 115.33	13.22
刺槐	12 299.65	10.57	709.28	3.42	887.71	5.90	13 896.65	9.13
栎树	18 070.41	15.53	349.59	1.69	1 541.70	10.24	19 961.70	13.12
榆树	9 677.10	8.32	371.67	1.79	410.37	2.73	10 459.14	6.87
桦树	11 596.92	9.97	349.50	1.69	2 331.08	15.48	14 277.50	9.38
柳树	11 496.78	9.88	336.16	1.62	441.82	2.93	12 274.76	8.07
侧柏	9 421.98	8.10	663.69	3.20	325.88	2.16	10 411.55	6.84
油松	11 417.62	9.81	16 101.70	77.71	4 286.51	28.47	31 805.83	20.91
阔杂	10 227.80	8.79	352.72	1.70	276.10	1.83	10 856.62	7.14
灌丛	6 873.03	5.91	343.63	1.66	859.12	5.71	8 075.78	5.31
合计	116 356.13	100.00	20 720.84	100.00	15 057.86	100.00	152 134.86	100.00

2015 年河北省森林 BVOCs 排放量为 152.1Gg C·a^{-1}，其中异戊二烯排放量为 116.4Gg C·a^{-1}，单萜烯排放量为 20.7Gg C·a^{-1}，其他 VOCs 排放量为 15.1Gg C·a^{-1}；在总 BVOCs 排放量中占比分别为 76.5%、13.6%、9.9%。

由表 9-1 可知，油松、杨树和栎树是河北省森林 BVOCs 的主要排放源，其贡献率分别为 20.91%、13.22% 和 13.12%。由表 9-2 可知，承德是对河北省森林 BVOCs 排放总量贡献最大的城市，排放量高达 98.3Gg C·a^{-1}，其对河北省森林总 BVOCs 排放量的贡献率为 64.61%。

表 9-2　河北省森林 BVOCs 排放量及各城市贡献率

城市	异戊二烯		单萜烯		其他 VOCs		总 BVOCs	
	排放量/ (t C·a^{-1})	贡献率 /%	排放量/ (t C·a^{-1})	贡献率 /%	排放量/ (t C·a^{-1})	贡献率 /%	排放量/ (t C·a^{-1})	贡献率/%
保定	10 128.97	8.71	2 365.93	11.42	2 146.84	14.26	14 641.74	9.62
沧州	1 061.52	0.91	54.03	0.26	568.40	3.77	1 683.95	1.11
承德	80 711.36	69.37	11 877.57	57.32	5 710.75	37.93	98 299.68	64.61
邯郸	2 473.85	2.13	365.04	1.76	441.92	2.93	3 280.81	2.16
衡水	5 080.07	4.37	193.90	0.94	711.59	4.73	5 985.56	3.93
廊坊	822.31	0.71	50.80	0.25	206.47	1.37	1 079.58	0.71
秦皇岛	907.81	0.78	1 983.11	9.57	654.94	4.35	3 545.86	2.33
石家庄	2 315.96	1.99	804.75	3.88	658.89	4.38	3 779.60	2.48
唐山	3 949.80	3.39	1 832.04	8.84	1 473.07	9.78	7 254.91	4.77
邢台	3 962.12	3.41	344.43	1.66	684.88	4.55	4 991.43	3.28
张家口	4 942.36	4.25	849.24	4.10	1 800.14	11.95	7 591.74	4.99
合计	116 356.13	100.00	20 720.84	100.00	15 057.89	100.00	152 134.86	100.00

图 9-1 和图 9-2 分别展示了优势树种中各类 BVOCs 排放量占比及各城市中各类 BVOCs 排放量占比情况。从图 9-1 中可以看出，栎树、榆树、桦树、柳树等阔叶树种排放的 BVOCs 成分中，异戊二烯占绝大部分比例，而侧柏、油松等针叶树种排放的 BVOCs 成分中除异戊二烯外，单萜烯也占有一定的比例。由图 9-2 可知，在河北省 11 个市中，森林各类 BVOCs 排放量占比有所差别，除秦皇岛外，其余城市森林排放 BVOCs 的主要成分均为异戊二烯，而秦皇岛由于具有较大常绿树种叶生物量，其单萜烯排放量占较大比例，异戊二烯次之。

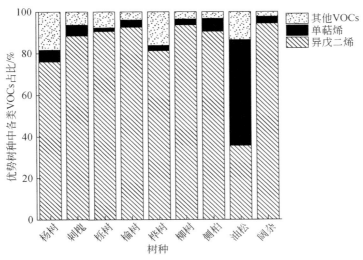

图 9-1　优势树种中各类 BVOCs 排放量占比

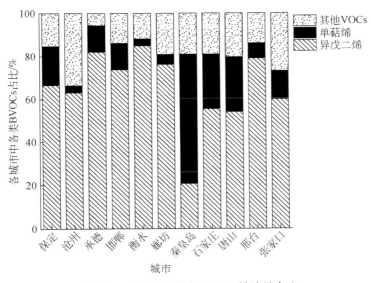

图 9-2　各城市中各类 BVOCs 排放量占比

9.1.2　河北省森林 BVOCs 排放量的空间分布与时间变化

表 9-3 为河北省各城市森林 BVOCs 排放量随季节变化。

表9-3　河北省各城市四季BVOCs排放量　　　　（单位：t）

城市	春季	夏季	秋季	冬季
保定	2 120.20	8 202.60	2 100.78	110.39
沧州	261.02	1 129.32	291.18	0.03
承德	14 282.17	66 718.76	14 410.44	425.43
邯郸	444.89	1 846.68	466.07	17.80
衡水	918.66	4 103.94	961.77	0.38
廊坊	133.00	606.58	143.70	0.05
秦皇岛	569.02	1 759.63	812.43	132.18
石家庄	524.13	1 976.96	505.00	35.07
唐山	1 029.59	4 461.36	1 582.11	99.28
邢台	723.63	3 173.46	730.17	12.80
张家口	874.12	4 279.58	872.73	20.41

由表9-3可知，BVOCs排放量随季节的变化基本呈现冬季最少，至春季期间逐渐增多，夏季到达顶峰；夏季为全年BVOCs排放量最多的季节；进入秋季后，落叶乔木开始落叶，气温和光照逐渐降低，河北地区BVOCs的排放量也逐渐呈下降状态。

夏季与冬季排放量差异最大的地区为承德市，由于承德市有丰富的森林资源、许多天然林场，如围场满族蒙古族自治县内的"千里松林"塞罕坝，加大了承德市冬季与夏季BVOCs排放量间的差异。承德市优势树种多为落叶乔木，且常绿乔木还受河北省四季分明气候的影响，使其异戊二烯与单萜烯的排放情况随季节变化较为明显。

由图9-3可以看出，全年12个月中排放量较高的月份为6月、7月、8月三个月，河北省7月BVOCs（异戊二烯、单萜烯和其他VOCs之和）排放量为35.3Gg C·a^{-1}，6月排放量为33.0Gg C·a^{-1}，8月排放量约为30.0Gg C·a^{-1}。排放量在12月至次年2月为全年最低，3个月平均排放量低于每月300t，为284.60t，全年排放量最低的月份为1月，排放量为228.28t。由图9-3可知，异戊二烯随月份的变化波动较大，而单萜烯和其他VOCs则波动较小，由于异戊二烯受光照和温度的复合影响，夏季光照普遍高于其余三个季节，故其曲线整体呈现先升高再降低的变化趋势，由1月起至7月河北省BVOCs排放量逐月增加，至7月达到峰值，8~12月又呈现逐月下降的趋势。由于河北省的树种分布主要以落叶阔叶树为主，4月起落叶阔叶树进入发芽展叶期，7月为其树叶最为茂密健康的月份，10 月入秋后，随着温度与光照强度的下降，落叶树木的叶片逐渐枯落凋零，在环境因素及树种自身生长阶段的复合影响下，河北省各类 BVOCs 排放量形成了如图 9-3 所示的月变化趋势。

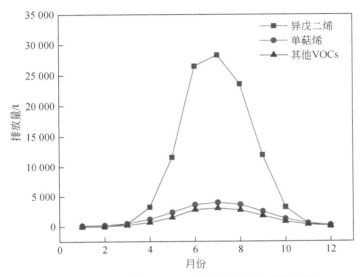

图 9-3　河北省各类 BVOCs 排放量随月份变化曲线

9.2　绿化配置建议

9.2.1　BVOCs 对人体健康的影响

　　人类在森林、草地等自然环境中，生理或心理上产生的感受主要来自植物的挥发性成分，这些成分通过人体的嗅觉等对人体的生理和心理产生影响。

　　研究表明，一些挥发性有机化合物能够对空气中的细菌起抑制作用，并可以通过呼吸系统消除疲劳、醒脑提神，除此之外还有促进内分泌、抗肿瘤、调整感觉系统以及集中精神的健脑作用。

　　1）Ahmad 等（2018）研究发现 D-柠檬烯具有抗氧化及抗炎特性，使其具有强大的抗纤维化作用。Miller 等（2013）对定期服用 D-柠檬烯的乳腺肿瘤患者进行研究表明，D-柠檬烯能够减少乳腺肿瘤细胞周期蛋白 D1 的表达，从而起到阻滞细胞周期和减少细胞增殖的作用。临床上，柠檬烯已被用于如溶解胆结石等胃病的治疗以及在各种癌症细胞中发挥抗增殖作用（Sun，2007）。

2）Moro 等（2018）对香芹酮及其衍生物的抗菌活性进行了评价，认为香芹酮可作为抗念珠菌酵母的抗真菌剂，且使用香芹酮，没有在细胞中显示细胞毒性。

3）Jaafari 等（2012）对比了六种单萜类化合物对体外抗肿瘤活性评价，发现香芹酚是最具细胞毒性的单萜，并可以在 S 期停止肿瘤细胞周期进程。

4）松节油具有抗肺癌细胞的作用（Lee et al.，2016）。

5）三环倍半萜对某些肾癌细胞具有高度活性，并且是 TRPC4 和 TRPC5 钙通道的有效和选择性激活剂（Jaeger et al.，2016）。

与此同时，一些 BVOCs 组分在一定程度上对人体也有负面影响。例如：

1）松油烯在浓度高于 $0.2mmol \cdot L^{-1}$ 时在人体淋巴细胞中显示出 DNA 损伤（Bacanlı et al.，2017）。

2）乙酸叶醇酯会对眼睛和皮肤产生一定的刺激性作用。

3）3-蒈烯在高浓度吸入后会导致动物支气管收缩，加重皮肤敏感反应，甚至引起肺部疾病。

除此之外，其他会对人体健康产生影响的 BVOCs 组分还有待学者进一步研究。

9.2.2 绿化优化配置建议

本小节主要针对河北省整体，依照各类 BVOCs 的健康作用以及大气化学环境参与活性给出相应绿化配置建议。

本书根据前人的研究成果，将河北省优势树种按挥发物成分对人体健康的影响进行归纳总结。D-柠檬烯作为有对人体抗氧化及阻滞部分癌细胞增殖特性有效的常见植物挥发物成分，在杨树、刺槐、楸树、油松、侧柏、圆柏中广泛存在，落叶乔木中以楸树中的相对含量最高，常绿乔木中以油松的相对含量最高；而3-蒈烯是一种可能会对昆虫肺器官带来负面影响的挥发物成分，在刺槐、楸树、油松、圆柏中均有少量检出，因其对人体健康的影响尚未明确，故此处不多做讨论。其次还有乙酸叶醇酯，乙酸叶醇酯是一种对人体眼睛和皮肤有刺激性作用的挥发物成分，在桦树、栎树和国槐中均有检出，在栎树挥发物成分中相对含量最高，约为 15%。

对于大气化学环境的影响方面，由于烯烃中异戊二烯、单萜烯这类 BVOCs 是形成 O_3 及二次有机气溶胶的前体物，应避免种植异戊二烯、单萜烯排放速率大的树种。研究结果表明，异戊二烯排放速率较高的树种有柳树、栎树、杨树、刺槐、国槐、金银木等落叶乔木，单萜烯排放速率较高的树种有侧柏、华山松、油松、圆柏等常绿乔木。

故在河北省今后的绿化配置中除了建议种植一些低 BVOCs 排放强度的树种，并在植树造林过程中陆续更替一些生长不良、高 BVOCs 排放强度的树种。

9.3　本章小结

本章主要对河北省森林 BVOCs 排放特征做出归纳总结，包括河北省森林 BVOCs 排放清单的建立以及对 2015 年河北省森林 BVOCs 排放量的分布特征的总结。

1）2015 年河北省森林 BVOCs 年排放量为 152.1Gg C·a⁻¹，其中油松是主要排放树种，贡献率为 20.91%，承德市是年排放量最大的城市，其年 BVOCs 排放量为 98.3Gg C·a⁻¹。

2）河北省 BVOCs 排放的季节及月份规律大体为冬季排放量最少，夏季最多，春季和夏季次之，其中 7 月是河北省排放量最大的月份，排放量为 35.3Gg C·a⁻¹。

3）根据现有的文献调查得到对人体健康有益的 BVOCs 中常见挥发物成分柠檬烯，可能对人体健康带来负面影响的挥发物成分有 3-莰烯，对现有优势树种做出绿化配置的推荐方案，以供日后河北省及其他城区绿化规划参考。

参 考 文 献

毕军，王则舟，王振亮．1993．刺槐单株生物量动态研究．河北林学院学报，8（4）：278-281．

陈灵芝，陈清朗，鲍显诚，等．1986．北京山区侧柏林及其生物量研究．植物学与地植物学学报，10（1）：17-24．

陈颖，李德文，史奕，等．2009．沈阳地区典型绿化树种生物源挥发性有机物的排放速率．东北林业大学学报，37（3）：47-49．

程堂仁，冯菁，马彦钦，等．2007．甘肃小陇山锐齿栎林生物量及其碳库研究．北京林业大学学报，29（2）：210-212．

池彦琪，谢绍东．2012．基于蓄积量和产量的中国天然源 VOC 排放清单及时空分布．北京大学学报（自然科学版），48（3）：475-482．

崔虎雄，吴迓名，段玉森，等．2011．上海城区典型臭氧污染 VOCs 特征及潜势分析．环境监测管理与技术，23（S1）：18-23．

代东决，李黎，刘子芳，等．2012．白马泉风景区夏季大气 $PM_{2.5}$ 中二次有机物的初步研究．环境科学，33（4）：1063-1070．

邓蕾，上官周平．2011．基于森林资源清查资料的森林碳储量计量方法．水土保持通报，31（6）：143-147．

邓文红，沈应柏，陈华君，等．2008．虫食与熏蒸对马尾松挥发性化学物质的影响．西北植物学报，28（12）：2547-2551．

丁洁然，景长勇．2016．唐山夏季大气 VOCs 污染特征及臭氧生成潜势．环境工程，34（6）：130-135．

伏志强，郭佳，王章玮，等．2019．贵阳市大气臭氧生成过程与敏感性初步分析．环境化学，38（1）：161-168．

范晓丹，丘泰球，苏健裕，等．2011．龙脑制备方法及其药理药效研究进展．林产化学与工业，31（5）：122-125．

高伟，谭国斌，洪义，等．2013．在线质谱仪检测植物排放的挥发性有机物．分析化学，41（2）：258-262．

高翔，刘茂辉，徐媛，等．2016．天津市植被排放挥发性有机物估算及时空分布．西部林业科学，45（6）：108-114．

国家发展和改革委员会．2014．关于印发《煤电节能减排升级与改造行动计划（2014—2020年）》的通知 http://www.sdpc.gov.cn/gzdt/201409/t20140919_626240.html［2015-10-20］．

花圣卓，陈俊刚，余新晓，等．2016．温带典型森林树种的萜烯类化合物排放及其与环境要素的相关性．林业科学，52（11）：19-28．

黄明祥，魏斌，郝千婷，等．2015．$PM_{2.5}$ 遥感反演技术研究进展．环境污染与防治，37（10）：70-76，85．

贾凌云，冯汉青，孙坤，等.2012.温度变化下银白杨叶片中线粒体呼吸对光合作用和异戊二烯释放的影响.植物生理学报，48（10）：965-970.

贾晓轩.2016.北京地区银杏、红松纯林挥发性有机物释放研究.北京：中国林业科学研究院硕士学位论文.

李美娟，周晓晶，韩烈保，等.2007.鹫峰国家森林公园大气中VOCs的组成与特点.环境化学，26（3）：399-402.

李莹莹，李想，陈建民.2011.植物释放挥发性有机物（BVOC）向二次有机气溶胶（SOA）转化机制研究.环境科学，32（12）：3588-3592.

刘芳，左照江，许改平，等.2013.迷迭香对干旱胁迫的生理响应及其诱导挥发性有机化合物的释放.植物生态学报，37（5）：454-463.

刘维.2012.鹫峰森林公园乔木层地上碳储量遥感估测.北京：北京林业大学硕士学位论文.

刘岩，李莉，安静宇，等.2018.长江三角洲2014年天然源BVOCs排放、组成及时空分布.环境科学，39（2）：608-617.

鲁艳辉，高广春，郑许松，等.2016.不同生育期和氮肥水平对水稻螟虫诱集植物香根草挥发物的影响.中国生物防治学报，32（5）：604-609.

吕迪.2016.陕西森林植被BVOCs排放特征研究.杨凌：西北农林科技大学硕士学位论文.

马钦彦.1989.中国油松生物量的研究.北京林业大学学报，（4）：3-12.

马秀枝.2006.开垦和放牧对内蒙古草原土壤碳库和温室气体通量的影响.北京：中国科学院研究生院（植物研究所）博士学位论文.

任琴，谢开惠，张青文，等.2010.不同温度、光照对虫害紫茎泽兰挥发物释放的影响.生态学报，30（11）：3080-3086.

陕西省人民政府.2013.陕西省2013年度主要污染物总量减排实施方案.http://knews.shaanxi.gov.cn/0/104/10024.htm［2015-10-11］.

陕西省人民政府.2014a.陕西省2014年度主要污染物总量减排实施方案.http://knews.shaanxi.gov.cn/0/104/10455.htm［2016-07-27］.

陕西省人民政府.2014b.陕西省"治污降霾·保卫蓝天"五年行动计划（2013—2017年）.http://www.shaanxi.gov.cn/0/103/10248.htm［2015-12-23］.

陕西省人民政府.2015.陕西省2015年度主要污染物总量减排实施方案.http://www.shaanxi.gov.cn/0/104/10980.htm［2015-10-1］.

陕西省人民政府.2016.陕西省2016年度主要污染物总量减排实施方案.http://www.snepb.gov.cn/admin/pub_newsshow.asp? id=1093856&chid=100218［2016-07-27］.

陕西省统计局，国家统计局陕西调查总队.2013.陕西统计年鉴2013.北京：中国统计出版社.

陕西省统计局，国家统计局陕西调查总队.2016.陕西统计年鉴2016.北京：中国统计出版社.

石明洁，延晓冬，贾根锁.2008.生物挥发性有机物研究进展.地球科学进展，23（8）：866-873.

宋媛媛，张艳燕，王勤耕，等．2012．基于遥感资料的中国东部地区植被 VOCs 排放强度研究．环境科学学报，32（9）：2216-2227．

宋曰钦，翟明普，贾黎明．2010．不同树龄三倍体毛白杨生物量分布规律．东北林业大学学报，11（4）：1-10．

孙涛，王格慧，李建军．2013．西安市夏季大气中生物二次有机气溶胶的分子组成与粒径分布．地球环境学报，4（1）：1230-1235．

王积涛，张宝申，王永梅．2008．有机化学．天津：南开大学出版社：300-320．

王文杰，于景华，毛子军，等．2003．森林生态系统 CO_2 通量的研究方法及研究进展．生态学杂志，22（5）：102-107．

王兴平，孙旭东，左颖明，等．1998．中国大陆 SO_2 1°×1° 网格排放估计（1991 年与 1992 年）．北京联合大学学报，13（2）：48-52．

王志辉，张树宇，陆思华，等．2003．北京地区植物 VOCs 排放速率的测定．环境科学，（2）：7-12．

吴莉萍，翟崇治，周志恩，等．2013．重庆市主城区挥发性有机物天然源排放量估算及分布特征研究．三峡环境与生态，35（4）：12-15．

西安市统计局，国家统计局西安调查队．2016．西安统计年鉴2016．北京：中国统计出版社．

熊颖，昊雪茹，涂兴，等．2009．樟脑的药学研究进展．检验医学与临床，6（12）：999-1000．

熊振华，钱枫，苏荣荣．2013．大气中 VOCs 分布特征和来源的研究进展．环境科学与技术，36（S2）：222-228．

闫雁，王志辉，白郁华，等．2005．中国植被 VOC 排放清单的建立．中国环境科学，（1）：111-115．

杨伟伟，王成，郄光发，等．2010．北京西山春季侧柏休憩林内挥发物成分及其日变化规律．林业科学研究，23（3）：462-466．

虞小芳，程鹏，古颖纲，等．2018．广州市夏季 VOCs 对臭氧及 SOA 生成潜势的研究．中国环境科学，38（3）：830-837．

张钢锋，谢绍东．2009．基于树种蓄积量的中国森林 VOC 排放估算．环境科学，30（10）：2816-2822．

张蕾，姬亚芹，赵杰，等．2017．乌鲁木齐市天然源 VOCs 排放量估算与时空分布特征．中国环境科学，37（10）：3692-3698．

张莉，白艳莹，王效科，等．2002．浙江省毛竹异戊二烯排放规律及其影响．生态学报，22（8）：1339-1344．

张璐，蒲莹，陈新云，等．2018．河北省森林资源现状评价分析——基于第九次全国森林资源连续清查河北省清查结果．林业资源管理，（5）：25-28．

张薇，程政红，刘云国，等．2007．植物挥发性物质成分分析及抑菌作用研究．生态环境，16（3）：1455-1459．

张永生，房靖华．2003．森林与大气污染．环境科学与技术，（4）：61-63，67.

中国电力规划设计协会．2015．"十三五"时期中国电力发展的若干重大问题．http://www.
ceppea. net/n/i/_7992［2016-10-28］.

中国环保部．2013．2012 年中国环境污染物统计年报．http://zls. mep. gov. cn/hjtj/nb/2012tjnb/
201312/t20131225_265552. htm［2014-3-20］.

中国环保部．2015．大气污染物源排放清单编制指南（试行）http://www. mep. gov. cn/gkml/
hbb/bgg/201501/t20150107_293955. htm［2016-5-25］.

中国环保部．2016．环境空气质量指标技术规定（试行）．http://kjs. mep. gov. cn/hjbhbz/bzwb/
dqhjbh/jcgfffbz/index_2. shtml［2017-2-21］.

中华人民共和国国家统计局．2013．中国统计年鉴 2012．北京：中国统计出版社．

朱轶梅．2011．亚热带城乡区域植物源 VOC 排放的研究．杭州：浙江大学硕士学位论文．

Ahmad S B, Rehman M U, Fatima B, et al. 2018. Antifibrotic effects of D-limonene (5 (1-methyl -
4-［1-methylethenyl］) cyclohexane) in CCl$_4$ induced liver toxicity in Wistar rats. Environmental
Toxicology, 33 (3): 361.

Arena C, Tsonev T, Doneva D, et al. 2016. The effect of light quality on growth, photosynthesis,
leaf anatomy and volatile isoprenoids of a monoterpene- emitting herbaceous species (*Solanum
lycopersicum* L.) and an isoprene-emitting tree (*Platanus orientalis* L.). Environmental and Ex-
perimental Botany, 130: 122-132.

Bacanlı M, Aydın S, Başaran A A, et al. 2017. Are all phytochemicals useful in the preventing of
DNA damage? Foodand Chemical Toxicology, 109 (Pt 1): 210-217.

Bao H, Kondo A, Kaga A, et al. 2008. Biogenic volatile organic compound emission potential of
forests and paddy fields in the Kinki region of Japan. Environmental Research, 106 (2):
156-169.

Benjamin M T, Winer A M. 1998. Estimating the ozone-forming potential of urban trees and
shrubs. Atmospheric Environment, 32 (1): 53-68.

Claeys M, Graham B, Vas G, et al. 2004. Formation of secondary organic aerosols through
photooxidation of isoprene. Science, 303 (5661): 1173-1176.

Claeys M, Wang W, Ion A C, et al. 2004. Formation of secondary organic aerosols from isoprene and
its gas-phase oxidation products through reaction with hydrogen peroxide. Atmospheric Environment,
38 (25): 4093-4098.

Edney E O, Kleindienst T E, Jaoui M, et al. 2005. Formation of 2-methyl tetrols and 2-
methylglyceric acid in secondary organic aerosol from laboratory irradiated isoprene/NO$_x$/SO$_2$/air
mixtures and their detection in ambient PM$_{2.5}$, samples collected in the eastern United
States. Atmospheric Environment, 39 (29): 5281-5289.

Emanuelsson E U, Watne Å K, Lutz A, et al. 2013. Influence of humidity, temperature, and radicals on the formation and thermal properties of secondary organic aerosol (SOA) from ozonolysis of β-pinene. Journal of Physical Chemistry A, 117 (40): 10346-10358.

Fares S, Mahmood T, Liu S, et al. 2011. Influence of growth temperature and measuring temperature on isoprene emission, diffusive limitations of photosynthesis and respiration in hybrid poplars. Atmospheric Environment, 45 (1): 155-161.

Gong Z, Xue L, Sun T, et al. 2013. On-line measurement of PM_1 chemical composition and size distribution using a high-resolution aerosol mass spectrometer during 2011 Shenzhen Universiade. Scientia Sinica Chimica, 43 (3): 363.

Greenberg J P, Peñuelas J, Guenther A, et al. 2014. A tethered-balloon PTRMS sampling approach for surveying of landscape-scale biogenic VOC fluxes. Atmospheric Measurement Techniques, 7 (1): 2263-2271.

Guenther A B, Jiang X, Heald C L, et al. 2012. The Model of Emissions of gases and aerosols from nature version 2. 1 (MEGAN2. 1): an extended and updated framework for modeling biogenic emissions. Geoscientific Model Development, 5 (6): 1471-1492.

Guenther A B, Zimmerman P R, Harley P C, et al. 1993. Isoprene and monoterpene emission rate variability: model evaluations and sensitivity analyses. Journal of Geophysical Research: Atmospheres, 98 (D7): 12609-12617.

Guenther A, Hewitt C N, Erickson D, et al. 1995. A global model of natural volatile organic compound emissions. Journal of Geophysical Research: Atmospheres, 100 (D5): 8873-8892.

Guo S, Hu M, Guo Q, et al. 2012. Primary sources and secondary formation of organic aerosols in Beijing, China. Environmental Science & Technology, 46 (18): 9846-9853.

Han Y, Iwamoto Y, Nakayama T, et al. 2014. Formation and evolution of biogenic secondary organic aerosol over a forest site in Japan. Journal of Geophysical Research Atmospheres, 119 (1): 259-273.

Huang X F, He L Y, Xue L, et al. 2012. Highly time-resolved chemical characterization of atmospheric fine particles during 2010 Shanghai World Expo. Atmospheric Chemistry & Physics, 12 (1): 1093-1115.

Jaafari A, Tilaoui M, Mouse H A, et al. 2012. Comparative study of the antitumor effect of natural monoterpenes: relationship to cell cycle analysis. Revista Brasileira De Farmacognosia, 22 (3): 534-540.

Jaeger R, Cuny E. 2016. Terpenoids with special pharmacological significance: a review. Natural Product Communications, 11 (9): 1373-1390.

Jaoui M, Kleindienst T E, Lewandowski M, et al. 2005. Identification and quantification of aerosol polar oxygenated compounds bearing carboxylic or hydroxyl groups. 2. Organic tracer compounds from monoterpenes. Environmental Science & Technology, 76 (5): 409.

Juettner F. 1988. Quantitative analysis of monoterpenes and volatile organic pollution products (VOC) in forest air of the southern black forest. Chemosphere, 17 (2): 309-317.

Kim D, Stockwell W. 2007. An online coupled meteorological and air quality modeling study of the effect of complex terrain on the regional transport and transformation of air pollutants over the Western United States. Atmospheric Environment, 41 (11): 2319-2334.

Kim J, Kim K, Kim D, et al. 2005. Seasonal variations of monoterpene emissions from coniferous trees of different ages in Korea. Chemosphere, 59 (11): 1685-1696.

Klinger L F, Greenburg J, Guenther A, et al. 1998. Patterns in volatile organic compound emissions along a savanna-rainforest gradient in central Africa. Journal of Geophysical Research: Atmospheres, 103 (D1): 1443-1454.

Klinger L F, Li Q J, Guenther A B, et al. 2002. Assessment of volatile organic compound emissions from ecosystems of China. Journal of Geophysical Research Atmospheres, 107 (D21): ACH-1-ACH 16-21.

Kuzma J, Fall R. 1993. Leaf isoprene emission rate is dependent on leaf development and the level of isoprene synthase. Plant Physiology, 101 (2): 435-440.

Lee T K, Roh H S, Yu J S, et al. 2016. Pinecone of *Pinus koraiensis* inducing apoptosis in human lung cancer cells by activating caspase-3 and its chemical constituents. Chemistry & Biodiversity, 14 (4): 432-438.

Lehning A, Zimmer I, Steinbrecher R, et al. 1999. Isoprene synthase activity and its relation to isoprene emission in quercus robur l. leaves. Plant Cell & Environment, 22 (5): 495-504.

Li N, He Q, Greenberg J, et al. 2018. Impacts of biogenic and anthropogenic emissions on summertime ozone formation in the Guanzhong Basin, China. Atmospheric Chemistry and Physics, 18 (10): 7489-7507.

Lin C Y, Chang T C, Chen Y H, et al. 2015. Monitoring the dynamic emission of biogenic volatile organic compounds from Cryptomeria japonica, by enclosure measurement. Atmospheric Environment, 122: 163-170.

Liu Y, Li L, An J Y, et al. 2018. Estimation of biogenic VOC emissions and its impact on ozone formation over the Yangtze River Delta region, China. Atmospheric Environment, 186: 113-128.

Loreto F, Fischbach R J, Schnitzler J P, et al. 2001. Monoterpene emission and monoterpene synthase activities in the Mediterranean evergreen oak *Quercus ilex* L. grown at elevated CO_2 concentrations. Global Change Biology, 7 (6): 709-717.

Matsunaga S N, Mochizuki T, Ohno T, et al. 2011. Monoterpene and sesquiterpene emissions from Sugi (*Cryptomeria japonica*) based on a branch enclosure measurements. Atmospheric Pollution Research, 2 (1): 16-23.

Mentel T F, Wildt J, Kiendlerscharr A, et al. 2009. Photochemical production of aerosols from real plant emissions. Atmospheric Chemistry & Physics, 9 (13): 4387-4406.

Miller J A, Lang J E, Ley M, et al. 2013. Human breast tissue disposition and bioactivity of limonene in women with early-stage breast cancer. Cancer Prevention Research, 6 (6): 577.

Moro I J, Pierri E G, Soares C P, et al. 2018. Evaluation of antimicrobial, cytotoxic and chemopreventive activities of carvone and its derivatives. Brazilian Journal of Pharmaceutical Sciences, 53 (4): e00076.

Niinemets Ü. 2002. Stomatal conductance alone does not explain the decline in foliar photosynthetic rates with increasing tree age and size in *Picea abies* and *Pinus sylvestris*. Tree Physiology, 22 (8): 515-535.

Nishimura H, Shimadera H, Kondo A, et al. 2015. Numerical analysis on biogenic emission sources contributing to urban ozone concentration in Osaka, Japan. Asian Journal of Atmospheric Environment, 9 (4): 259-271.

Nunes T V, Pio C A. 2001. Emission of volatile organic compounds from Portuguese eucalyptus forest. Global Change Science, 3 (3): 239-248.

Ohara T, Akimoto H, Kurokawa J, et al. 2007. An Asian emission inventory of anthropogenic emission sources for the period 1980 – 2020. Atmospheric Chemistry & Physics, 7 (16): 6843-6902.

Overmyer K, Kollist H, Tuominen H, et al. 2008. Complex phenotypic profiles leading to ozone sensitivity in Arabidopsis thaliana mutants. Plant, Cell & Environment, 31 (9): 1237-1249.

Owen S M, Boissard C, Hewitt CN. 2001. Volatile organic compounds (VOCSs) emitted from 40 Mediterranean plant species: VOCS speciation and extrapolation to habitat scale. Atmospheric Environment, 35: 5393-5409.

Pang X B, Mu Y J, Zhang Y J, et al. 2009. Contribution of isoprene to formaldehyde and ozone formation based on its oxidation products measurement in Beijing, China. Atmospheric Environment, 43: 2142-2147.

Pathak R K, Stanier C O, Donahue N M, et al. 2007. Ozonolysis of a- pinene at atmospherically relevant concentrations: temperature dependence of aerosol mass fractions (yields). Journal of Geophysical Research Atmospheres, 112: D03201.

Pierce T E, Waldruff P S. 1991. PC-BEIS: a personal computer version of the biogenic emissions inventory system. Air Repair, 41 (7), 937-941.

Pinto D M, Tiiva P, Miettinen P, et al. 2007. The effects of increasing atmospheric ozone on biogenic monoterpene profiles and the formation of secondary aerosols. Atmospheric Environment, 41 (23): 4877-4887.

Potter C S, Alexander S E, Coughlan J C, et al. 2001. Modeling biogenic emissions of isoprene: exploration of model drivers, climate control algorithms, and use of global satellite observations. Atmospheric Environment, 35 (35): 6151-6165.

Rapparini F, Baraldi R, Miglietta F, et al. 2003. Isoprenoid emission in trees of *Quercus ilex* with lifetime exposure to naturally high CO_2 environment. Plant, Cell & Environment, 27 (4): 381-391.

Rinne J, Ruuskanen T M, Reissell A, et al. 2005. On-line PTR-MS measurements of atmospheric concentrations of volatile organic compounds in a European boreal forest ecosystem. Boreal Environment Research, 10 (5): 2829-2832.

Rosenstiel T N, Potosnak M J, Griffin K L, et al. 2003. Increased CO_2 uncouples growth from isoprene emission in an agriforest ecosystem. Nature, 421 (6920): 256-259.

Saathoff H, Naumann K H, Hler O M, et al. 2009. Temperature dependence of yields of secondary organic aerosols from the ozonolysis of α-pinene and limonene. Atmospheric Chemistry & Physics, 9 (5): 1551-1577.

Scott K I, Benjamin M T. 2003. Development of a biogenic volatile organic compounds emission inventory for the SCOS97-NARSTO domain. Atmospheric Environment, 37 (2): 39-49.

Simoneit B R T, Kobayashi M, Mochida M, et al. 2004. Aerosol particles collected on aircraft flights over the northwestern Pacific region during the ACE-Asia campaign: composition and major sources of the organic compounds. Journal of Geophysical Research Atmospheres, 109 (19): 159-172.

Staudt M, Mir C, Joffre R, et al. 2004. Isoprenoid emissions of *Quercus* spp. (*Q. suber* and *Q. ilex*) in mixed stands contrasting in interspecific genetic introgression. New phytologist, 163 (3): 573-584.

Street R A, Owen S, Duckham S C, et al. 1997. Effect of habitat and age on variations in volatile organic compound (VOC) emissions from *Quercus ilex*, and *Pinus pinea*. Atmospheric Environment, 31 (4): 89-100.

Streets D G, Zhang Q, Wang L, et al. 2006. Revisiting China's CO emissions after the Transport and Chemical Evolution over the Pacific (TRACE-P) mission: Synthesis of inventories, atmospheric modeling, and observations. Journal of Geophysical Research Atmospheres, 111 (D14).

Streets D G, Fu J S, Jang C J, et al. 2007. Air quality during the 2008 Beijing Olympic Games. Atmospheric Environment, 41 (3): 480-492.

Sun J. 2007. D-Limonene: safety and clinical applications. Alternative Medicine Review, 12 (3): 259-264.

Tarvainen V, Hakola H, Hellén H, et al. 2005. Temperature and light dependence of the VOC emissions of Scots pine. Atmospheric Chemistry & Physics, 5 (4): 201-209.

Van D, Logt E M J, Roelofs H M J, et al. 2004. Effects of dietary anti carcinogens and nonsteroidal anti-inflammatory drugs on rat gas-trointestinal UDP-glucuronosyl transferases. Anticancer Research, 24 (2B): 843-849.

Vanreken T M, Greenberg J P, Harley P C, et al. 2006. Direct measurement of particle formation and growth from the oxidation of biogenic emissions. Atmospheric Chemistry & Physics, 6 (6): 4403-4413.

Wang D, Hu J, Xu Y, et al. 2014. Source contributions to primary and secondary inorganic particulate matter during a severe wintertime $PM_{2.5}$ pollution episode in Xi'an, China. Atmospheric Environment, 97: 182-194.

Wang Y, Li L, Chen C, et al. 2004. Source apportionment of fine particulate matter during autumn haze episodes in Shanghai, China. Journal of Geophysical Research: Atmospheres, 119 (4): 1903-1914.

Watson L A, Wang K Y, Paul H, et al. 2006. The potential impact of biogenic emissions of isoprene on urban chemistry in the United Kingdom. Atmospheric Science Letters, 7 (4): 96-100.

WHO. 2006. Air Quality Guidelines: Global Update 2005. Particulate Matter, Ozone, Nitrogen Dioxide and Sulfur Dioxide. Section. World Health Organization: 1-22.

Yang F, Tan J, Zhao Q, et al. 2011. Characteristics of $PM_{2.5}$ speciation in representative megacities and across China. Atmospheric Chemistry and Physics, 11 (11): 5207-5219.

Yuan X, Calatayud V, Gao F, et al. 2016. Interaction of drought and ozone exposure on isoprene emission from extensively cultivated poplar. Plant, Cell & Environment, 39 (10): 2276-2287.

Zhang Q, Worsnop D R, Canagaratna M R, et al. 2005. Hydrocarbon-like and oxygenated organic aerosols in Pittsburgh: insights into sources and processes of organic aerosols. Atmospheric Chemistry & Physics, 5 (12): 3289-3311.

Zhao B, Jiayu X U, Hao J. 2011a. Impact of energy structure adjustment on air quality: a case study in Beijing, China. Frontiers of Environmental Science & Engineering in China, 5 (3): 378-390.

Zimmer W, Brüggemann N, Emeis S, et al. 2000. Process-based modelling of isoprene emission by oak leaves. Plant Cell & Environment, 23 (6): 585-595.